信息安全技术丛书

主观逻辑及其应用

田俊峰 焦洪强 杜瑞忠 著

科学出版社

北京

内 容 简 介

本书在简要介绍信任管理及信任模型、国内外学者的部分研究成果的基础上，主要介绍了作者在主观逻辑及其应用方面的研究成果。主要包括：主观逻辑理论的扩展与改进、基于主观逻辑扩展的软件行为动态信任评价模型、基于主观逻辑的可信软件评估模型、基于多维主观逻辑的P2P信任模型、基于扩展主观逻辑的电子商务信任模型等。

本书可以作为信息安全及相关专业研究生教材，也可供从事信息安全与电子商务相关研究和开发的人员阅读参考。

图书在版编目(CIP)数据

主观逻辑及其应用/田俊峰，焦洪强，杜瑞忠著．—北京：科学出版社，2015.9

(信息安全技术丛书)

ISBN 978-7-03-045807-0

Ⅰ．①主…　Ⅱ．①田…②焦…③杜…　Ⅲ．①计算机网络－安全技术　Ⅳ．TP393.08

中国版本图书馆 CIP 数据核字(2015)第 227330 号

责任编辑：陈　静　邢宝钦／责任校对：桂伟利

责任印制：张　倩／封面设计：迷底书装

科学出版社 出版

北京东黄城根北街 16 号

邮政编码：100717

http://www.sciencep.com

三河市骏杰印刷有限公司印刷

科学出版社发行　各地新华书店经销

*

2015 年 9 月第　一　版　开本：720×1 000　1/16

2015 年 9 月第一次印刷　印张：10 1/2

字数：211 680

定价：58.00 元

(如有印装质量问题，我社负责调换)

前　言

随着计算机网络和一些分布式系统支撑技术的飞速发展和普遍应用，人们开发了越来越多的大规模的分布式系统，使得信息和数据的安全变得越来越重要，资源共享将会是现在及未来的网络生活的主流。同时，也带来了一些未知的风险，在各式各样的资源面前，如何进行有效的真伪（安全）鉴别，即防止伪装的恶意节点带来的安全问题，以及发现之后又该怎样处理相应的问题。解决这些问题在很大程度上需要有一套相应的标准。

传统的安全机制集中在验证对象的某些特征的吻合，但是在目前分布式网络的应用环境下，这样的安全机制并不能解决所有问题。原因在于传统安全机制只能通过其“身份标识”来确定节点的真假，而不能通过对其行为变化的分析确定节点是善意还是恶意，因此不能及时地识别恶意实体。随着分布式网络应用的发展，传统安全机制已经无法适应新的网络场景对于动态安全性的要求。信任管理模型的引入，可以弥补这些传统安全机制的不足，同时信任管理模型自身也已经可以作为一种独立的安全机制而存在。在安全领域，传统的安全机制被称为“硬安全”，而信任管理模型被称为“软安全”。目前信任管理模型的应用集中在电子商务、文件共享系统、P2P 网络、移动自组网等应用环境中。

信任管理涉及社会学、心理学、管理学、人工智能等多个方面。近几年来，越来越多的学者都在该领域进行研究，也取得了很多研究成果，其中研究的很多信任模型和算法都是通用或值得借鉴的。Jøsang 等提出的主观逻辑信任模型，借鉴了 D-S 证据理论，引入不确定性，提出了主观逻辑理论，并在此基础上建模信任关系，取得了很好的效果，然而，其理论在实际应用中仍然存在许多问题。本书对 Jøsang 的主观逻辑理论进行了扩展和改进，对完善和发展信任模型具有较大的推动作用。

本书是作者所在的研究小组近几年在主观逻辑及其应用方面的阶段成果总结，很多思想方法是在作者的指导下，由作者的研究生在完成科研和学位论文的过程中产生的，这些成果的产生得益于他们的创新性研究和勤奋努力，在此对他们表示衷心的感谢！

本书共 7 章，由田俊峰、焦洪强、杜瑞忠等撰写，全书由田俊峰统稿和审校。第 1 章对信任的定义、信任的分类、信任的特征、信任管理、信任理论及现状等基本问题进行介绍。第 2 章介绍 Jøsang 的主观逻辑理论。第 3 章介绍改进和扩展 Jøsang 的主观逻辑理论，增强该理论适应动态变化的客观环境的能力，使之能够更好地进行信任建模。第 4～7 章将扩展的主观逻辑理论应用在电子商务信任、信任建模、软件可信性评估等方面。

本书的部分研究内容得到了国家自然科学基金项目（编号：61170254、60873203）、河北省杰出青年科学基金项目（编号：F201000317）、河北省自然科学基金（编号：F2014201117、F2014201098、F2014201165）、河北省高等学校科学技术研究重点项目（编号：ZH2012029）的资助，特此致谢。

由于作者学识和水平有限，书中难免会有不足之处，恳请读者批评指正。

作　者

2015 年 6 月

目　录

第 1 章　信任模型与信任管理

近年来，随着网格计算、普适计算、云计算、Ad Hoc 等大规模分布式应用系统的深入研究，系统表现为一些节点集合组成的自治网络，网络中的节点信息是可以共享的，任意节点可以通过信任网络搜索，找到声称拥有所需文件的节点；发起搜索行为的节点可以通过一定的算法找到信任评价值最高的节点进行交互行为，但是，在享受资源共享和高使用率的同时，也面临着许多安全威胁。一方面，分布式系统中，系统对节点缺乏一定的约束，使环境中的节点具有更多的自由，这更有利于节点之间的交互；另一方面，在开放的分布式环境中，源节点往往要与不了解甚至完全陌生的节点进行交互，但是节点之间又缺乏信任，这就导致了恶意节点大量的欺骗行为和不可信的服务，使节点之间的交互具有极大的风险性。因此，基于凭证式的静态信任机制不能有效地抑制这类节点的恶意行为，不能很好地适应大规模分布式网络的发展。此时，建立有效的动态信任管理机制，在节点交互之前对其行为进行预估，并在交互完成后进行信任评价的动态更新，对云计算、分布式网络以及电子商务的健康发展具有重要意义。通过信任机制，可以使节点在交互之前对对方的诚信度、可靠度进行很好的预估，防范恶意节点的攻击，从而确保交互的可靠性和安全性。

信任管理是当前分布式网络环境下的一个热点问题，本章对信任的定义、信任的分类、信任的特征、信任管理、信任理论及现状等基本问题进行介绍。

1.1　信 任 概 述

1.1.1　信任的定义

信任原本是一个心理学概念，是人们在交往的过程中表现出来的一种复杂的社会心理现象。信任是一种心理状态，在这种心理状态下，信任者愿意处于一种脆弱地位，有可能导致被信任者伤害自己；同时，信任者认为被信任者会做和预期一样的行为，其内在含义为相信被信任者会做承诺要做的事，不会做出信任者不希望做的事情。

社会学家将信任作为一种与社会环境紧密相关的社会现象，不少学者认为信任是社会制度和文化规范相结合的产物，是建立在理性的法规制度、道德和习俗基础上的社会现象。

经济学领域中，主要强调信任的可计算性，即经济学认为信任是基于计算的理性行为。经济学家是在经济的基础上研究信任，认为信任不应掺杂任何感情等非理性因素。这与社会学家和心理学家不同，社会学家和心理学家都认为信任是无法确切计算出来的，心理学家认为信任是一种非理性的行为，而社会学家强调信任的社会性和文化性。

Zhang 在其著作中，综合社会学和心理学两种角度，认为信任至少包含两层含义[1]：信任关系在一定情景下由施信者和受信者组成，缺一不可，在相互信任关系中，每一个关系主体同时扮演两种角色；信任是一种心理活动，体现为施信者对受信者行为的预期偏好，并通过一定的外在行为表现出来，如遵守有关的合约、实现承诺等。他指出信任的概念涉及三个重要的构成要素，即信任者、被信任者和环境。

信任是一个非常复杂的概念，心理学、社会学、经济学、管理学、计算机科学等不同的研究领域对信任有着不同的定义，目前，关于信任还没有形成被广泛接受的、统一的定义。Gambetta[2]认为信任是一个概率分布的概念，把信任定义为一个实体评估另一实体在对待某一特定行为的主观可能性程度。文献[3]将信任定义为在特定的情境下，对某一实体能独立、安全且可靠地完成特定任务的能力的相信程度或坚固信念。文献[4]认为信任是对实体执行某种动作的概率的特殊反映，是经验的体现。Olmedilla 等[5]把信任定义为某一实体 A 根据另一实体 B 在具体阶段、具体环境中关于某一服务的行为表现对实体 B 的信任进行的计算，强调信任的环境、服务域和可计算性。可信计算组织（Trust Computing Group，TCG）把可信定义如下：一个实体的行为如果总是以预期的方式运行，并能达到既定的目标，则实体是可信的[6]。文献[7]把信任定义为根据对某一实体提供服务或行为的长期观察得出对该实体当前提供服务或行为的可信程度或期望评价。总之，信任是对实体行为的主观判断，会随着实体交互行为和时间的变化而变化，并受环境等多种因素的影响，具有主观性、不确定性、传递性等特性。

1.1.2 信任的分类

对一个实体的信任不仅限于对实体身份的认证，还需要关注该实体的行为是否在预定范围内合法、有效地实施，实体的行为是否超出了它的授权范围等。基于此将信任划分为两类[8]。

（1）身份信任。这是最传统的可信认证机制，确定实体身份并决定实体的授权。身份信任涉及用户或服务器的身份认证，也就是对主体所声称的身份进行确认，这方面的技术有加密、数据隐藏、数字签名、授权协议及访问控制。

（2）行为信任。相较于身份信任，对实体行为的可信认证更加宽泛，它更注重实体是否能够按照预期完成某项任务，重在对实体行为的评价，通过观察实体行为对实体的能力进行可靠性认证。

通过对实体进行身份认证，可以确定该实体就是要与之进行交易的实体，而不是有人假冒，但是这并不能保证该实体能够按照所期望的那样提供优质服务或供给与请求相符的商品，因此必须对实体的行为进行认证。只有在双重认证的保证下才敢和对方合作。因此，身份信任为交易奠定了基础，而行为信任保证了交易的顺利进行，两者缺一不可。比较而言，身份信任是静态的，仅是在实体交易开始前对实体进行一些必要检查，确保不存在假冒事件；而行为信任则是动态的，可根据实体间的交易行为动态更新实体间的信任关系，更符合当前网络所需。

在现实生活中，人们通常倾向于和声望值高的人交易，然而，在任何情况下都能完全了解一个人的声望是不可能的，这时其他人的经验就提供了一个参考，因此信任关系又可分为直接信任和推荐信任。

（1）直接信任。在给定的上下文环境中，实体间通过过去的直接交互经验得出对对方实体的信任程度，是对现实中“认识或了解”的抽象，通过直接信任度进行定量表示。

（2）推荐信任。实体间通过第三方（推荐实体）的推荐得出的信任程度，是对现实中“介绍或据说”的抽象，也称为间接信任。

因此，一个实体对另一个实体的可信度量是直接信任和推荐信任的综合，交互的重要程度是对其完成任务的能力、诚实度、可靠性等因素的综合判定。直接信任度的计算依赖于实体间的交互次数、交互时间和交互结果；推荐信任是对不同推荐实体推荐的综合，推荐信任值的大小取决于推荐实体本身的推荐可信度和对目标实体的推荐值。

1.1.3　信任的特征

信任来自于人类社会，计算机领域中的信任是对人类社会中的信任的模拟，以人类社会中的信任为基础，根据信任的定义可知，信任具有几个重要特征。

（1）非对称性。信任是单向的、单方面的，不具有对称性。实体 *A* 信任实体 *B* 并不意味着实体 *B* 信任实体 *A*，即使实体间相互信任，它们对对方的信任程度通常也是不同的，*A* 对 *B* 的信任值一般不等同于 *B* 对 *A* 的信任值。因为信任是主观的，个体间的差异使得对信任的判断也不相同。

（2）有限范围性。实体 *A* 信任实体 *B* 并不一定对 *B* 的一切行为都是信任的，实体 *A* 对实体 *B* 的信任是有一定的范围限制的，如服务领域、实体身份等。

（3）时间衰减性。信任随着时间的推移而衰减。一个长时间没有发生过交易的可信任节点可能已经不可信任。离现在越近的交易记录，对信任的影响越大；相反，越久远的历史交易记录，对信任的影响越小。应保证网络中可信的实体不一定永远可信，不可信的实体不一定永远不可信。

（4）传递的有限性。信任不具有完全传递性，信任传递性只在一定条件约束下成立。实体 *A* 信任实体 *B*，实体 *B* 信任实体 *C*，并不能推出实体 *A* 就信任实体 *C* 的结论。因为实体之间的信任不完全相同，信任会随着路径跳数的增长而衰减，实体 *A* 对实体 *C* 的信任程度很可能低于实体 *B* 对实体 *C* 的信任程度。非同一信任领域内的信任更不具有传递性。

（5）内容相关性。当一个实体在某种程度上信任其他客体时，总是针对某一特定内容。例如，实体 *A* 曾经和实体 *B* 发生过交易，对 *B* 提供的某种商品非常满意，但是对 *B* 提供的其他商品就未必有同样的信任程度。

（6）多种对应关系。类似于几何学中集合之间的映射关系，这里实体之间的信任关系同样可以分为一对一、一对多、多对一和多对多的关系。

（7）信任的双重性。信任既具有主观性，又具有客观性。

（8）动态性。动态性即信任与环境（上下文）和时间等因素相关，信任随时间以及上下文的变化而变化，是随时更新的一个动态变量。

（9）可度量性。度量实体的可信程度，划分信任等级。

（10）信任具有不确定性。这是由信任的主观性所决定的。信任的不确定性来自对实体本身的不了解。

（11）信任具有相互性。信任不是单向的，而是双向的。正方向的信任决定是否采取交互行为，而反方向的信任决定对方提供什么质量的服务。

（12）信任程度与当前事件的重要程度有关。当前事件越重要，信任程度可能越低；反之亦然。信任程度与特定事件有关，当我们信任一名技术高超的医生，认为他能医治好我们的疾病时，并不意味着我们同样信任他会是一名好厨师。

1.2　信任管理现状

信任管理（trust management）的概念首先由 Blaze 等[9]提出，这是一个涉及社会学、心理学等多个学科的非常重要的研究领域，其基本思想是承认开放系统中安全信息的不完整性，系统的安全决策需要依靠可信任的第三方提供附加的安全信息。Rahman 等[10]则从信任的角度出发，对信任内容和信任程度进行划分，建立相应的信任模型用于信任的数值评估。信任是一个实体对另一个实体的可信赖程度，可区分为身份信任和行为信任。身份信任是对实体身份的信任，基于客观证据，可通过核实标识、证书的真实性和有效性来实现。但身份可信的实体，其行为不一定是可信的，同一个实体在不同的上下文语义下所进行的行为的可信程度也不一定相同，行为信任即判断实体提供某项服务的能力和品质。当前，人们对行为信任管理的研究主要通过建立信任模型加以解决。近几年，国内外众多学者采用不同的理论和方法对行为信任相关问题进行了卓有成效的研究，并提出了很多信任评估模型。

信任模型是对信任关系进行建立和管理的模型，主要是用来解决信任评价的度量问题。通过信任模型的规则计算，信任主体最终可以得到对信任客体的综合评价。信任模型中有以下三个问题值得考虑。

（1）如何构建信任网络，即如何得到简单有效的信任网络推荐关系图。

（2）如何得到信任评价的综合计算，即信任评价的计算算子要规范，保证最终得到的信任评价符合客观实际。

（3）如何保证信任的动态更新，即要考虑信任具有的动态性，对信任评价进行实时更新。

1.2.1　信任网络构建

在信任模型中，节点之间的信任关系是通过直接交互来建立的，当缺乏直接的交互经验时，就要通过可信第三方的推荐，对信任关系进行建立，从而形成从源节点到目的节点的信任网络推荐关系图。以信任网络推荐关系图为基础，通过信任的传递与聚合，最终得到源节点对目的节点的综合评价。信任搜索作为信任模型研究的基础，是保证最终得到的信任评价是否符合客观实际的关键所在。因此，设计高效合理的信任网络搜索算法至关重要。

针对信任网络的搜索，现有的大多数信任模型都是以洪泛搜索为基础的。苏锦钿等[11]基于信任网，提出了一种新的推荐机制，通过洪泛搜索，得到信任网中的推荐链，并将推荐链归纳为无依赖、部分依赖和完全依赖三种关系，同时给出了三种策略用于解决完全依赖问题。此推荐机制在一定程度上减少了恶意节点的推荐行为。

蒋黎明等[12]针对证据信任模型中的信任传递与聚合问题，通过结合 D-S 证据理论和图论的方法，引入了信任子图的概念，并通过 EDTR 算法消除了推荐链间的依赖关系，使聚合过程中推荐信息的重复计算等问题得到有效解决，同时也提高了信任传递与聚合的准确性。该模型同样建立在洪泛搜索的基础之上。

秦艳琳等[13]提出了一种分布式环境下信任路径选择性搜索及聚合方法，该算法利用控制条件实现对包含有效信息的路径进行搜索并停止对冗余路径的搜索，在搜索过程中有效地规避了恶意节点。

针对信任评价的综合计算，陈建钧等[14]在考虑复杂网络环境中不确定因素对用户信任影响的基础上，引入正态云模型，提出基于云模型和信任链的信任评价模型。模型中给出了信任传递和聚合的计算规则，解决了由信任链过长导致的评价结果不准确问题。但对于如何防范节点的恶意推荐，该模型并没有提供很好的解决方案。

蒋黎明等[15]根据图论方法提出证据信任模型，在信任聚合过程中，模型解决了普遍存在于现有证据信任模型中的因为对信任链之间依赖关系的无法处理而产生的模型性能下降问题。另外，模型在建模信任度时区分实体的反馈信任度与服务信任度，在证据理论框架下，设计了两种不同的信任传递方法，用于增强模型抵抗恶意推荐攻击的能力。

田春岐等[16]针对 P2P 网络中节点之间难以建立信任关系的现状，提出一种基于聚集超级节点的 P2P 网路信任模型，通过节点分类和反馈信任过滤，使该模型可实现对恶意节点攻击行为的抵御，同时具有低查询开销。

1.2.2　信任评价的综合计算

王守信等[17]基于云模型，提出了一种新的主观信任评价方法，此方法以信任云的形式来描述和度量信任程度和不确定度，充分考虑了实体之间信任具有的模糊性和随机性，并通过主观信任云的历史信息来构造信任变化云，使本方法能够有效地对信任主体的信任决策提供辅助支持。

高伟等[18]改进了 D-S 证据合成规则，将这种规则应用在 P2P 网络信任建模上，他认为基于 D-S 理论的信任模型无法有效合成证据信息，重新分配冲突概率与引入权重系数的策略能够解决该问题。其建立的一种基于 D-S 证据理论的 P2P 信任模型，用来解决传统信任模型很难处理冲突程度高而引起的无法准确计算信任度的问题。

张欣怡等[19]改进证据收集方法来提高证据质量，解决证据收集和冲突证据合成产生不合理结果的问题，在证据合成过程中将冲突证据进行重新分配，结合了证据距离、相似度、支持度和可信度。

汤志海等[20]认为很多国内的电子商务平台选用 eBay 信任模型，而该模型只是对买家反馈评分进行简单累加，进而得到卖家信誉值，并没有区分买家反馈评分的参考价值的重要性和合理性。因此，他提出一种基于群组的 C2C 电子商务信任模型，模型通过计算买卖双方的熟悉程度，计算买家的可信度，充分考虑交易价格、反馈评分、交易时间、交易次数、以往买家的可信度对信誉的影响，建立了电子商务信任模型。

乔秀全等[21]根据社会心理学中的信任产生原理，设计了计算社交网络中基于用户上下文的信任度的方法。社交网络中用户之间的信任度被分为熟悉性信任度和相似性信任度。依据其所起作用的重要度的不同，把相似性分为内部相似性和外部相似性，最后给出了信任度量的具体计算方法。

汪京培等[22]提出了一种基于可信建模过程的信任模型评估算法。将信任模型按照信任生命周期分解成信任的产生、建模、计算、决策和传递这五个部分，然后对每个部分进行可信性分析，最后模糊量化评价结果，用贝叶斯融合形成综合的评估结果。

1.2.3　信任的动态更新

李道丰等[23]对实体的状态和所表现的行为进行了充分考虑，提出一种可信网络动态信任模型，模型利用灰色系统理论，通过对实体的状态行为关联进行分析，实现信息的提取过程。此模型能够有效地处理恶意节点的攻击，但模型没有考虑上下文的动态变化。

李小勇等[24]提出了一种符合人类心理认知习惯的动态信任预测模型。模型建立了自适应的基于历史证据窗口的可信性决策方案，该方案克服已有模型常用的计算权重的主观判断方法，解决直接证据不足时的可信性预测问题。利用现有的 DTT（direct trust tree）机制完成对全局反馈信任信息的搜索与结合，进而降低了网络带宽损耗，增强了系统的可扩展性；提出诱导有序加权平均算子的概念，建立了基于该算子的直接信任预测模型，用于克服传统预测模型动态适应能力不高的问题。

Chong 等[25]讨论了能够影响现有信任管理系统的可靠性的威胁和挑战，研究了影响信任管理的重要因素，特别是在处理来自电子商务用户的恶意反馈评级方面。认为即使在动态条件下信任模型必须能够保持准确性，适应从其他方面导致的变化。现有的工作中，电子商务信任系统经常基于整体性能而不是个体服务性能。这是由于没有把证据的上下文相关性考虑到信任评估中。

国内外研究学者基于不同的理论来度量和构建信任模型，如基于经验和概率的信任模型、基于贝叶斯网络的信任模型、离散的信任模型、基于权重的信任传递方法、基于证据理论的信任模型等。对信任的合并操作采用的方法有算术平均、加权平均、基于权重的信任路径合并、D-S 证据合成规则。分析现有的信任模型，对信任合并和传递的研究还远不够，对信任的研究大多是基于二项式的，对多维信任的研究还不够充分。

分析上面的信任模型，都存在一个问题：没有考虑到人认识事物的主观性。因为信任评价是人给出的，具有主观性、不确定性等特性，无论信任评价如何准确，都不能忽视人的主观因素的影响。

主观逻辑是关于现实世界的主观信任操作的逻辑，Jøsang 等利用主观逻辑[26]对信任关系进行建模，并取得了可喜的成果[27-34]。他提出了主观逻辑信任评价模型，引入证据空间和观点空间的概念来描述和度量信任关系。Jøsang 的 Beta 信任模型已经成为信任管理领域中经典的信任模型之一，他将其很好地应用在开放社区的信任管理中，对计算中的信任进行推理和表示。文献[27]利用主观逻辑进行信任网络分析，它为信任的传递关系提供了一种简单的表达方式，并提供了一种简化网络的方法，这样就可以准确地计算和分析信任网络，然而其折扣算子在信任传递过程中存在信任下降过快的问题。文献[28]对主观逻辑理论做了多项式的扩展，提出四种不同但等价的主观观点表达。它使得我们能够从不同角度来看不确定概率，能够最自然地表达一个具体的现实世界的情况。文献[29]将条件推理从二项扩展到多项观点，使得其能够在任意大小的辨识框架上表达条件和证据观点，使得主观逻辑在引入已知和未知信息条件推理情况下为一个强大的工具，改进和完善了主观逻辑，但其给出的多项式融合算子在融合三个以上观点时，仍然不满足交换率和结合律，导致融合结果不唯一。文献[30]对贝叶斯信誉系统丰富的特征进行了综述，说明其适用于很多不同的问题和环境。文献[31]提出了累积融合算子和平均融合算子，改进原有主观逻辑，而上述问题依然存在。文献[32]利用主观逻辑对条件到结果的映射进行了扩展与新的定义。文献[33]通过简洁的符号表达并行组合信任路径，构造有向系列平行图，融合计算信任路径，然而，其计算复杂度过高，所得结果的准确性也会因为舍弃有用的路径信息变低。因此 Jøsang 等[34]又提出了另一种传递信任网络分析方法保障信任图的规范性。然而，该方法没有描述节点分裂后新出现的边的权重计算方法。

主观逻辑理论对信任管理而言是一个较好的信任推理和表示的理论基础，所以，很多学者越来越重视对主观逻辑理论的研究。

Nir 等[35]借鉴论据理论创造了一个强大的推理机制框架，用来作为证据和推理诊断，通过引入代理交互对话、交流观点和嗅探环境附加信息的传感器，结合来自传感器的信息和观点来构造一个共享的世界观点。

Venkat 等[36]提出了一种新的基于主观逻辑的信任模型用来表达和管理移动节点在与其他节点建立信任关系时的不确定性，提高移动自组网的安全性。

在国内，利用主观逻辑对信任模型的研究相对较少，主要是对主观逻辑的应用研究。

林剑柠等[37]通过对不同交互行为提出的质量要求加以区分，以历史经验作为下次信任评估的重要参考并引入约束关系，根据主观逻辑将其转换为节点间的推荐信任意见。

王勇等[38]借鉴模块之间的执行约束关系，抽象出四种基本约束模式，给出对应直接和推荐信任度的计算方法，而书中循环约束模式的逻辑表示存在一定问题，并且所提出的方法计算复杂度较高。

毕方明等[39]利用方差反映路径推荐值的集中程度，通过引入信任程度参数来划分等级，提出了信任模型，模型中考虑了影响信任的两个重要因素：声誉和风险。

雷环等[40]提出一种结合主观逻辑与声誉的信任网络分析方法，结合朋友间的信任关系和声誉来计算信任值。

谢福鼎等[41]改进了基于信誉随机变量期望的信任更新，减少了当反映当前节点行为时，刻画长期行为趋势的信任更新而出现的失真。

施光源等[42]建立基于行为证明的信任关系评估模型，利用确定下推自动机刻画程序的预期行为，利用虚拟机内省技术考量程序的实际行为与预期行为的一致性，进而判断程序的可信性，根据证明结果进行信任关系评估。

1.3　本 章 小 结

在开放网络中，信息安全是至关重要的，而信任管理是信息安全的前提与基础。近几年，研究小组在信任模型相关问题上进行了深入研究，在信任网络构建、信任模型扩展、风险评估、软件行为可信方面均取得了一定成果，主要工作如下。

1. 在信任网络构建方面

（1）提出了基于信任领域的信任模型[43]，将网络划分为多个信任域，每个域由一个域代理和若干个实体代理分层组织管理网络实体。通过代理间周期性地通信避免了代理间维护信息的不一致性问题。模型区分节点在不同交易行为时的可信程度，计算节点的全局买声誉和卖声誉。为了给用户提供信任度高且和用户要求的服务更匹配的服务，模型将服务提供者对服务的认知度作为重要因素考虑进来，用服务的相似度加权调和综合信任值，而且模型每次交易完成后对实体全局声誉的及时更新节省了用户等待服务请求响应的时间。

（2）提出了基于加权紧密度的信任路径合并策略[44]，旨在为分布式网络安全和信任机制提供支撑。利用加权紧密度实现信任路径的合并，充分考虑了网络中的信任路径和节点间的直接信任和推荐信任，使信任值更加真实地反映实体的客观可信性。同时给出了抑制节点恶意推荐的策略，讨论了信任的时间衰减。

（3）提出了基于领域的细粒度信任模型 FGTrust[45, 46]，以 P2P 电子商务环境为研究背景，对信任领域进行细化，引入领域模型和领域可信度的概念，可以计算节点在任意领域的可信度；在领域模型中，总结了领域之间的各种关系并给出确定领域间关系的方法，以便度量不同领域节点相互推荐时对可信度的影响；在可信度计算方面，融合了多种影响因素，并给出了初始可信度的计算方法；模型采用多代理结构，方便了网络的管理和维护。

2. 在信任模型扩展方面

（1）对 Jøsang 的主观逻辑从不确定因子和基率两方面进行了动态扩展[47]。

（2）提出了基于多项式主观逻辑的扩展信任传播理论模型[48]。主观逻辑信任评价模型是以二项事件后验概率的 Beta 分布函数为基础提出的信任模型，该模型充分考虑信任的主观性、不确定性，并引入事实空间和观念空间两个概念来描述和评价信任关系，但该模型的信任传播操作主要针对二项式观点，没有对信任源的可靠性进行任何假设，也没有考虑环境因素的影响，具有一定的局限性。鉴于这些，提出了基于多项式主观逻辑的扩展信任传播理论模型，该理论模型由信任融合和信任传递两部分组成。信任融合是信任传播的基础，基于信誉的多项式观点的融合方法考虑信誉与观察环境对融合操作的影响，提出了相关概念，并根据获得信任证据的时间不同给出了基于信誉的多项式独立观点、依赖观点、部分依赖观点的融合操作算子，使融合后的观点更准确、更符合人的直觉评判。

（3）提出了一种新的基于多维主观逻辑的 P2P 信任模型（Multinomial Subjective Logic based P2P Trust Model，MSL-TM）[49]，该模型采用多维评价，利用 Dirichlet 分布函数计算主观观念的期望值，并据此得出节点的声誉值和风险值，最终得到节点的可信度。在该模型中引入时间衰减、评价可信度和风险值，使节点的可信度能反映其近期行为，受恶意行为的影响更为灵敏。

3. 在信任模型应用方面

（1）将信任模型应用于网格资源选择，提出了基于信任力矩的网格资源选择模型[50]。模型将网格资源按类型划分为多个可信资源域，每个域的网格资源由一个域代理负责组织管理。模型分别定义了信任引力、信任半径和信任力矩的概念，并基于此设计实现了既注重资源的服务质量（Quality of Service，QoS）属性，又能满足需求者需求偏好的资源选择算法。

（2）将信任模型应用于虚拟企业的伙伴选择，结合场理论和基于信誉的信任机制，提出了信任场的概念，建立了信任场的理论模型[51]，讨论了基于信任场模型的虚拟企业伙伴选择方法。该方法充分考虑了盟主和待选的伙伴实体的资源状况，并且考虑了两者之间的资源互补性，将伙伴实体的信誉值也纳入考察之中。

（3）将信任模型应用于软件行为可信评估，提出了一系列的软件行为可信评估模型[52-54]。

第 2 章将详细介绍 Jøsang 主观逻辑。

参 考 文 献

[1] Zhang X Z. Research on Trust Mechanism of Virtual Enterprise. Changsha: Hunan People's Publishing Press, 2005.

[2] Gambetta D. Can we trust trust. Trust: Making and Breaking Cooperative Relations Basil Blackwell, 1990: 213-237.

[3] Grandison T, Sloman M. A survey of trust in Internet applications. IEEE Communications Survey, 2000, 3(4): 2-16.

[4] Rahman A A, Hailes S. Supporting trust in virtual communities// Proceedings of the Hawaii International Conference on System Sciences, 2000, 6: 6007-6016.

[5] Olmedilla D, Rana O, Matthews B, et al. Security and trust issues in semantic grids// Proceedings of the Dagsthul Seminar, Semantic Grid: the Convergence of Technologies, 2005, 05271: 1-11.

[6] 赵波, 严飞, 余发江. 可信计算. 北京: 机械工业出版社, 2009.

[7] 田俊峰, 蔡红云. 信任模型现状及进展. 河北大学学报(自然科学版), 2011, 31(5): 555-560.

[8] Azzedin F, Maheswaran M. Evolving and managing trust in grid computing systems //Proceedings of the IEEE Canadian Conference on Electrical & Computer Engineering, 2002(3): 1424-1429.

[9] Blaze M, Feigenbaum J, Lacy J. Decentralized trust management// Proceedings of Security and Privacy, 1996: 164-173.

[10] Rahman A A, Hailes S. A distributed trust model// Proceedings of the 1997 Workshop on New Security Paradigms, ACM, Langdale, Cumbria, 1998: 48-60.

[11] 苏锦钿, 郭荷清, 高英. 基于信任网的推荐机制. 华南理工大学学报 (自然科学版), 2008, 36(4):98-103.

[12] 蒋黎明, 张琨, 徐建, 等. 证据信任模型中的信任传递与聚合研究. 通信学报, 2011, 32(8): 91-100.

[13] 秦艳琳, 吴晓平, 高键鑫. 分布式环境下信任路径选择性搜索及聚合研究. 通信学报, 2012 (S1): 148-156.

[14] 陈建钧, 张仕斌. 基于云模型和信任链的信任评价模型研究. 计算机应用研究, 2015, 32(1): 249-253.

[15] 蒋黎明, 张琨, 徐建, 等. 一种基于图论方法的开放计算系统证据信任模型. 计算机研究与发展, 2013, 50(5): 921-931.

[16] 田春岐, 江建慧, 胡治国, 等. 一种基于聚集超级节点的 P2P 网络信任模型. 计算机学报, 2010, 33(2): 345-355.

[17] 王守信，张莉，李鹤松．一种基于云模型的主观信任评价方法．软件学报，2010，21(6): 1341-1352.
[18] 高伟，张国印，宋康超，等．一种基于 DS 证据理论的 P2P 信任模型．计算机工程，2012，38(1): 114-116,119.
[19] 张欣怡，翟玉庆．基于证据理论的信任模型中冲突证据．山东大学学报（工学版），2013，43(1): 48-53.
[20] 汤志海，陈淑红，王国军．基于群组的 C2C 电子商务信任模型研究．计算机工程，2012，38(23): 146-149.
[21] 乔秀全，杨春，李晓峰，等．社交网络服务中一种基于用户上下文的信任度计算方法．计算机学报, 2011, 34(12): 2403-2413.
[22] 汪京培，孙斌，钮心忻，等．基于可信建模过程的信任模型评估算法．清华大学学报（自然科学版), 2013, 53(12): 1699-1707.
[23] 李道丰，杨义先，谷利泽，等．状态行为关联的可信网络动态信任计算研究．通信学报，2011 (12): 12-19.
[24] 李小勇，桂小林．动态信任预测的认知模型．软件学报, 2010, 21(1): 163-176.
[25] Chong S K, Abawajy J, Hamid I R A, et al. A multilevel trust management framework for service oriented environment. Procedia-Social and Behavioral Sciences, 2014, 129: 396-405.
[26] Jøsang A. A logic for uncertain probabilities. International Journal of Uncertainty, Fuzziness and Knowledge-Based Systems, 2001, 9(3): 1-31.
[27] Jøsang A, Hayward R, Pope S. Trust network analysis with subjective logic. 29th Australasian Computer Science Conference, 2006: 48.
[28] Jøsang A. Subjective logic. http://folk.uio.no/josomg/papers/subjective_logic.pdf.
[29] Jøsang A. Conditional reasoning with subjective logic. Journal of Multiple-Valued Logic and Soft Computing, 2008, 15(1): 5-38.
[30] Jøsang A, Quattrociocchi W. Advanced features in bayesian reputation systems. Computer Science, 2009, 5695(1) : 105-114.
[31] Jøsang A, Diaz J, Rifqi M. Cumulative and averaging fusion of beliefs. Information Fusion, 2010, 11(2): 192-200.
[32] Jøsang A, Elouedi Z. Redefining material implication with subjective logic. The 14th International Conference on Information Fusion (FUSION 2011), 2011: 1-6.
[33] Jøsang A, Gray E, Kinateder M. Simplification and analysis of transitive trust networks. Web Intelligence and Agent Systems, 2006, 4(2): 139-161.
[34] Jøsang A, Bhuiyan T. Optimal trust networks analysis with subjective logic. The Second International Conference on Emerging Security Information, Systems and Technologies, 2008: 179-184.
[35] Nir O, Timothy J N, Alun P. Subjective logic and arguing with evidence. Artificial Intelligence, 2007,

171: 838-854.

[36] Venkat B, Vijay V, Uday T. Subjective logic based trust model for mobile ad hoc networks// Proceedings of the 4th International Conference on Security and Privacy in Communication Networks, 2008: 30-37.

[37] 林剑柠，吴慧中. 基于主观逻辑理论的网格信任模型分析. 计算机研究与发展，2007，44(8): 1365-1370.

[38] 王勇，代桂平，姜正涛，等. 基于主观逻辑的群体信任模型. 通信学报, 2009, 30(11): 8-14.

[39] 毕方明，张虹，罗启汉. 面向对等网络的主观逻辑信任模型. 计算机工程与应用，2009，45(33): 99-102.

[40] 雷环，彭舰. SNS 中结合声誉与主观逻辑的信任网络分析. 计算机应用研究，2010，27(6): 2321-2323.

[41] 谢福鼎，周晨光，张永，等. 应用主观逻辑的无线传感器网络信任更新算法. 计算机科学，2011，38(9): 50-54.

[42] 施光源，刘毅. 一种基于主观逻辑的动态信任关系评估方法. 计算机应用与软件，2011，28(11): 161-166.

[43] Tian J F, Li J, Yang X H. A trust domain-based multi-agent model for network resource selection. High Technology Letters, 2010, 16(2): 124-132.

[44] Tian J F, Lu Y Z, Yuan P. A weighted closeness-based trust combination model. The ACM International Conference on ICIS2009, 2009: 320-325.

[45] 田俊峰，田瑞，杨李丹，等. 基于商品领域的 P2P 电子商务细粒度信任模型. 高技术通讯，2010，20(4): 371-378.

[46] 田俊峰，田瑞. 基于领域和贝叶斯网络的 P2P 电子商务细粒度信任模型. 计算机研究与发展，2011, 48(6): 974-982.

[47] Tian J F, Wang Y. Dynamic trust evaluation model of software behavior based on extended subjective logic. 2010 International Conference on Computer and Computational Intelligence, 2010: 216-219.

[48] Tian J F, Wu L J. Extended trust propagation model based on multinomial subjective logic. Lecture Notes in Information Technology, 2012, 12: 27-33.

[49] Tian J F , Li C H, He X M , et al. A trust model based on the multinomial subjective logic for P2P network. International Journal of Communications, Network and System Sciences, 2009, 2(6): 546-554.

[50] Tian J F, Yuan P, Lu Y Z. Security for resource allocation based on trust and reputation in computational economy model for grid. The 4th International Conference on Frontier of Computer Science and Technology, 2009: 339-345.

[51] Tian J F, Wang Y J. The trust field model of partner selection in virtual enterprises. Lecture Notes in Information Technology, 2012, 12(1): 19-26.

[52] Tian J F, Han J. Trustiness evaluation model based on software behavior. 2010 International Conference on Future Information Technology, 2010: 402-406.

[53] Tian J F, Mu R L. Credibility evaluation of software behavior based on behavioral attribute distance. ICCIT2010: The 5th International Conference on Computer Sciences and Convergence Information Technology, 2010: 637-640.

[54] Tian J F, Feng J L. Trust model of software behaviors based on check point risk evaluation. 2010 International Symposium on Information Science and Engineering (ISISE), 2010: 54-57.

第 2 章　Jøsang 主观逻辑

Jøsang[1]提出的主观逻辑能够表示主观不确定性，并取得了可喜的成果[2-9]。Jøsang 的 Beta 信任模型已经成为信任管理领域中经典的信任模型之一，他将其很好地应用在开放社区的信任管理中，对计算中的信任进行推理和表示。文献[2]利用主观逻辑进行信任网络分析，它为信任的传递关系提供了一种简单的表达方式，并提供了一种简化网络的方法，这样就可以准确地计算和分析信任网络，然而其折扣算子在信任传递过程中存在信任下降过快的问题。文献[3]对主观逻辑理论做了多项式的扩展，提出了四种不同但等价的主观观点表达。它使得我们能够从不同角度来看不确定概率，能够最自然地表达一个具体的现实世界的情况。文献[4]将条件推理从二项扩展到多项观点，使得其能够在任意大小的辨识框架上表达条件和证据观点，使得主观逻辑在引入已知和未知信息条件推理情况下为一个强大的工具，改进和完善了主观逻辑，但其给出的多项式融合算子在融合三个以上观点时，仍然不满足交换率和结合律，导致融合结果不唯一。文献[5]对贝叶斯信誉系统丰富的特征进行了综述，说明其适用于很多不同的问题和环境。文献[6]提出了累积融合算子和平均融合算子，改进原有主观逻辑，而上述问题依然存在。文献[7]利用主观逻辑对条件到结果的映射进行了扩展与新的定义。Jøsang 等[8]提出一种基于主观逻辑的信任网络（TAN-SL）方法，该方法依据源节点和目标节点间的可达性以及是否处于同一嵌套层次来构造有向系列平行图（Directed Series Parallel Graph，DSPG），利用发现最优 DSPG 启发式规则，丢弃推荐路径中低于门限值的可信度值，减少可信度低的信任路径聚合所得的可信度远大于合成前的任意一条信任路径的信任度情况的出现。因此可以提高信任网络环境下信任推导的可靠性。TAN-SL 方法虽然简化了信任传递网络，但同时引入了信息损耗问题，因此，Jøsang 等[9]又提出了另一种传递信任网络分析方法，利用分裂信任图所导致的信任路径间依赖关系边与节点，用来保障信任图的规范性，即信任图的任意一条边或节点仅存在于一条推荐链中，即不同的信任路径之间不存在公共边。然而，该方法没有描述节点分裂后新出现的边的权重计算方法。

主观逻辑以 D-S 证据理论为基础，但又不同于 D-S 证据理论，前者使用信任值来估计概率值，而后者是设置概率的上下边界。主观逻辑是一个对信任进行量化和推导的框架，是传统逻辑的扩展。采用两种方式来对信任关系进行描述和度量，分别是观念空间和证据空间。通过引入证据空间和观念空间的概念来描述和度量信任关系，并提出了一套主观逻辑运算子用于信任度的推导和计算。Jøsang 主观逻辑以描述二项事件后验概率的 Beta 分布函数为基础，给出了一个由观察到的肯定事件数 r 和否定事件

数 s 来计算的概率确定性密度函数，并以此为基础计算实体间产生的每个事件的概率可信度。主观逻辑在信任观念中引入了主观不确定性，从而较经典概率理论更能表达人们的主观倾向，并且综合前人的经验形成了一套较完整的理论。

2.1　主观逻辑简介

在标准的逻辑中，命题不是真就是假。然而，没人能够绝对肯定有关世界的一个命题是绝对真或假。另外，每当对一个命题的真实性进行评估时，它总是由一个个体来完成的，这不能被认为是一个全面客观的信念。这表明在标准逻辑中，捕捉我们现实知觉的一个重要方面缺失了，它更多地为理想化的世界而设计，并非我们生活的主观世界。

概率逻辑结合演绎逻辑和概率论表达事件的真实程度。这一结果比二值逻辑更加符合实际。经典概率论中概率可加性原则要求在状态空间不相交的元素概率和为 1。这一要求使得它必须评估每一个状态的概率值，甚至可能没有基于它。换句话说，它阻止我们清楚地表达对可能状态或结果的未知性。如果某人想表达对 x 的未知性，他会说“我不知道”，这不能用一个简单的概率值来表达。概率值 $P(x) = 0.5$，表示 x 和 x 的补是同样可能的，这非常不同于未知。

在主观逻辑中，论点被称为一个主观观点或观点。一个观点包含不确定性程度，这个不确定性可以理解为对相关状态的真实性的未知。主观观点与信任函数相关。信任理论让观察者能够对状态空间进行信任分配，这种方法的优点是涵盖了未知，例如，当对状态的真实性缺乏证据时，能够通过对整个状态空间进行信任分配来清楚地表达未知。

从一方面讲，主观观点比信任函数更具有约束性，它不提供状态的幂集。然而，主观观点包含基率，在这个意义上，比信任函数更加具有表达力。

定义在主观观点上的逻辑算子非常简单，相对大量的实践逻辑算子是存在的。这给在各种情况下的推理提供了框架，输入参数可以是不完整的或者是受到不确定性影响的。主观观点与 Dirichlet 和 Beta 概率密度函数等价。通过这个等价性，主观逻辑提供了一种概率密度函数的推理演算。

在主观逻辑中，描述了四种不同但等价的主观观点表达。它使得我们能够从不同角度来看不确定概率，能够最自然地表达一个具体的现实世界的情况。主观逻辑包含与二值逻辑和经典概率演算相同的基本算子，同时，还包括自己独有的非传统算子。

主观逻辑能够比传统的概率演算和概率逻辑更加符合实际对真实世界的情况进行建模和分析。分析师的部分未知和缺乏信息都能够被清楚地考虑在分析中，并明确地表达出结果。当用于决策支持时，主观逻辑使得决策者更好地刻画不确定性对具体情况和未来结果评估的影响。

在主观逻辑中，主观观点是经典和原创的表达方式。为了便于理解，主观观点将观点可视化在三角形中。主观观点表达形式为基础主观逻辑算子，其他表达用来理解与主观逻辑的相关性以及其他数学形式。证据表达是第二种形式，它提供了一个在统计学中的经典数学表达，能够以概率密度函数的形式给出有用且直观的可视化。证据表达也能够提供最直观的方式，使得一个观察的新证据体现到观点中。

2.1.1 基本概念

信任关系的度量和推理包含不确定的表示和推理，为了更好地描述不确定，首先介绍一些概念。

1. 辨识框架

所有可能状态的有限集合称为辨识框架。辨识框架对给定系统中所有可能状态的集合进行了限定，即在任意时刻，仅有一个状态为真。

2. 信任量分配函数

令 Θ 是一个辨识框架，2^{Θ} 是辨识框架的幂集，若对于任意一个子集 $x \in 2^{\Theta}$，都有 $m_{\Theta}(x)$ 与之对应，并满足如下条件：

$$\begin{cases} m_{\Theta}(x) \geqslant 0 \\ m_{\Theta}(\varnothing) = 0 \\ \sum_{x \in 2^{\Theta}} m_{\Theta}(x) = 1 \end{cases} \tag{2.1}$$

则称 m_{Θ} 为关于辨识框架 Θ 的一个信任量分配函数，又称为基本概率分配。信任量分配函数 $m_{\Theta}(x)$ 表示分配给状态 x 的信任量，不表示 x 的任何一个子集的信任量。

3. 信任函数

令 Θ 是一个辨识框架，m_{Θ} 是关于辨识框架 Θ 的一个信任量分配函数，信任函数 b 定义为

$$b(x) = \sum_{y \subseteq x} m_{\Theta}(y), \quad x, y \in 2^{\Theta} \tag{2.2}$$

4. 不信任函数

令 Θ 是一个辨识框架，m_{Θ} 是关于辨识框架 Θ 的一个信任量分配函数，不信任函数 d 定义为

$$d(x) = \sum_{y \cap x = \varnothing} m_{\Theta}(y), \quad x, y \in 2^{\Theta} \tag{2.3}$$

5. 不确定函数

令 Θ 是一个辨识框架，m_{Θ} 是关于辨识框架 Θ 的一个信任量分配函数，不确定数 u 定义为

$$u(x)=\sum_{\substack{y\cap x=\varnothing \\ y\not\subset x}} m_{\Theta}(y),\quad x,y\in 2^{\Theta} \tag{2.4}$$

6. 相对原子数

令 Θ 是一个辨识框架，$x,y\in 2^{\Theta}$，对于任意 $y\neq\varnothing$，y 的相对原子数 a 可定义为

$$a(x/y)=\frac{|x\cap y|}{|y|},\quad x,y\in 2^{\Theta},y\neq\varnothing \tag{2.5}$$

对于任何一个状态 x，$|x|$ 表示 x 中所包含的状态个数。当 $x\cap y=\varnothing$ 时，$a(x/y)=0$，当 $x\supseteq y$ 时，$a(x/y)=1$，即相对原子数的值为 0～1。

一个基本状态 x 对于辨识框架的相对原子数为 $a(x/\varnothing)$，简写成 $a(x)$。如果没有特别说明，则一个状态的相对原子数是相对于辨识框架而言的。

2.1.2　观念空间

分布在二元框架上的观点被称为二项式观点。

观念空间由一系列对陈述的主观信任评估组成，主观信任度由三元组 $\omega_{X_j}^{i}=\{b_{X_j}^{i},d_{X_j}^{i},u_{X_j}^{i}\}$ 描述，该三元组满足

$$b_{X_j}^{i}+d_{X_j}^{i}+u_{X_j}^{i}=1,\quad b_{X_j}^{i},d_{X_j}^{i},u_{X_j}^{i}\in[0,1] \tag{2.6}$$

式中，$\omega_{X_j}^{i}$ 为在第 i 个观察周期对实体 X_j 的主观观念，$b_{X_j}^{i}$、$d_{X_j}^{i}$、$u_{X_j}^{i}$ 分别描述对实体 X_j 的绝对信任程度、绝对不信任程度和不确定程度。

为了计算观点的概率期望值 $E_{X_j}^{i}$，引入先验概率 a，它是实体 X_j 对实体 X_i 的先验概率，也称为基率，表示一种过去的经验。观点的概率期望值计算公式为

$$E_{X_j}^{i}=b_{X_j}^{i}+au_{X_j}^{i} \tag{2.7}$$

主观逻辑用“观念”来描述和度量主观信任评价，用符号 ω_B^A 来表示。上标 A 表示信任的所有者，下标 B 表示信任客体或陈述语句或命题。观念由三元组 $\omega=(b, d, u, a)$ 来表示，b 表示相信的概率值，d 表示不相信的概率值，u 表示不确定的概率值，a 表示先验基率，$b,d,u\in[0,1]$，并满足 $b+d+u=1$，基率 $a\in[0,1]$ 表示在缺少证据的情况下的基率概率。用来计算一个观点的概率期望值 $E(\omega_B^A)=b+au$，表示不确定如何分配概率期望值。

由于 (b,d,u) 满足 $b+d+u=1$，所以其中的一个参数可以用另外两个参数代替。可见，(b,d,u) 这种表达和 Shaferian 信任理论中的（Belief，Plausibility）的表达在本质上是一致的。然而，采用三元组 (b,d,u,a) 的目的是在引入主观逻辑操作时能够获得更简单的表达。

$b+d+u=1$ 可以表示为一个边长为 1 的等边三角形，其中等边三角形的上顶点代

表不确定度，右顶点代表相信度，左顶点代表不相信度，用等边三角形内的一个点来表示一个观念，参数(b,d,u)可以决定观念点的位置。如图 2.1 所示，三角形内的点表示关于命题x的观念$\omega_x=(b_x,d_x,u_x,a_x)=(0.2,0.5,0.3,0.6)$。

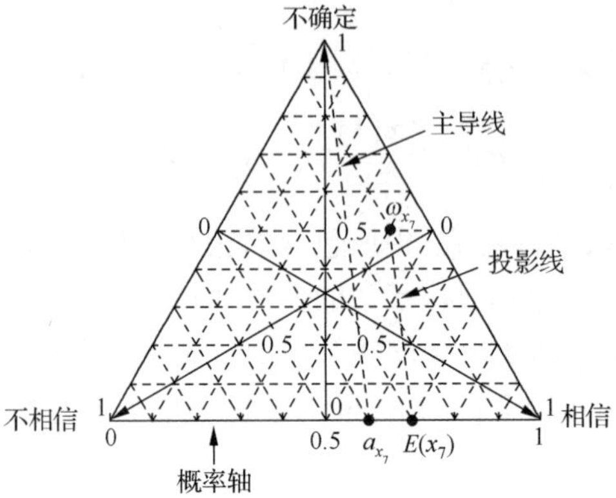

图 2.1　二维观念

Jøsang 定义了一个三角形可以用来表明观点，如图 2.1 所示。

观点的顺序：ω_i和ω_j为两个观点，可以通过下面的标准按优先顺序排序。

（1）具有最大概率期望的观点为最大的观点。

（2）具有最小不确定性的观点为最大的观点。

（3）具有相对最小原子数的观点为最大的观点。

参数b_x是一个线性函数的值，连接顶点不确定（Uncertainty）和顶点不相信（Disbelief）的边上的b_x值为 0，顶点相信（Belief）的b_x值为 1，也就是说，b_x是观念点（Opinion）到顶点不确定和不相信连线边的垂直距离与顶点相信到这个边的垂直距离的商，参数d_x与u_x的确定使用相似的方式。顶点相信和顶点不相信之间的水平线叫做概率轴，基率a_x是概率轴上的一个点，三角形的顶点不确定和基率a_x的连线是主导线（Director）。投影线（Projector）是经过观念点并与主导线平行的线，投影线与概率轴的交点为概率期望值，它与通过$E(\omega_x)=b+au$计算出来的值相对应的点是一致的。图 2.1 中观念ω_x的概率期望值$E(\omega_x)$为 0.4。

概率轴上的点表示的观念称为完全确定的观念（dogmatic opinion），它们的u_x值为 0，表示不存在不确定度的情况，对应传统频率论的概率。观念点到概率轴的垂直距离是不确定度。

右顶点表示的观念（$b=1$）和左顶点表示的观念（$d=1$）称为绝对观念（absolute opinion）。它们代表对命题是真是假绝对肯定的情况，对应于二项逻辑中的真命题或假命题。

下面介绍多项式主观逻辑。

主观逻辑用不确定性程度来表达关于命题的真实性，能够很好地表示主观信任关系。一个多项式观点用 ω_X^A 表示，其中 A 是一个信任拥有者，也称为主观；X 是目标框架，被称为状态空间，也可以用符号 $\omega(A{:}X)$表示。在二项式观点的情况下，表示符号是 ω_x^A 或者 $\omega(A{:}x)$，x 假设属于框架 X 的是一个单一命题，但是框架通常不是二项式的观点。一个框架的命题通常被认为是互不相交的，并且信任拥有者都有一个共同的命题的语义解释。信任拥有者（主观）和命题（客观）是一个观点的属性，当不相关的时候，主观信任关系的象征可以被省略。

一般情况下，多项式观点是二项式观点的一般化，如图 2.2 所示，一个由三维信任向量构成的三棱锥。

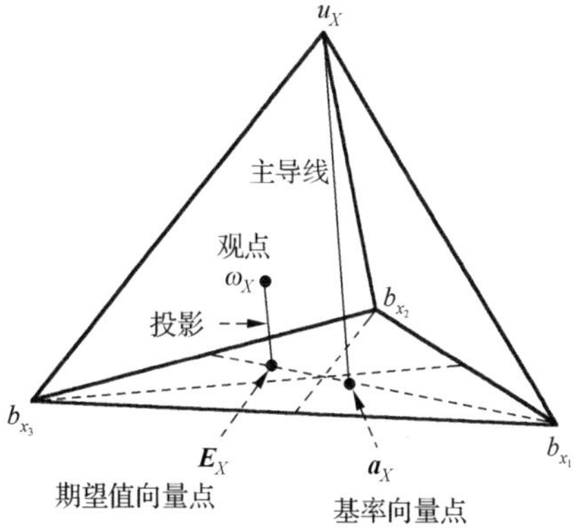

图 2.2　三维观念

多项式观点是包含信任向量、不确定量和基率向量的复合函数。假设 X 是包含 k 个互不相交命题 $\{x_i \mid i=1,\cdots,k\}$ 的辨识框架。一个多项式观点由信任向量 $\boldsymbol{b}$ 构成的复合函数和不确定性 u 以及基率向量 $\boldsymbol{a}$ 组成。这些组成部分的定义如下。

定义 2.1（信任量向量）　设 $X=\{x_i \mid i=1,\cdots,k\}$ 是一个框架，$\boldsymbol{b}$ 是从 X 到$[0,1]^k$ 的向量函数，用来表示在 X 上的信任量分配满足：

$$\boldsymbol{b}(\varnothing)=0,\quad \sum_{x\in X}\boldsymbol{b}(x)<1 \tag{2.8}$$

式中，$\boldsymbol{b}$ 称为信任量向量或信任向量。

一个元素 $\boldsymbol{b}(x_i)$ 可以理解为分配在 x 上的信任量，如 x 为真的正信任量。信任向量可以被理解为次概率可加函数，因为它们的总和小于 1。将下面定义的不确定量包括进来，就满足概率可加性了。

定义 2.2（不确定量）　设 $X=\{x_i \mid i=1,\cdots,k\}$ 是一个框架，$\boldsymbol{b}$ 是从 X 到$[0,1]^k$ 的向量函数，用来表示在 X 上的信任量满足：

$$u+\sum_{x\in X}\boldsymbol{b}(x)=1 \tag{2.9}$$

式中，参数 u 被称为不确定性量。

不确定性量可以理解为对命题 X 为真缺乏坚定信任量，换句话说，不确定性量反映了信任拥有者对于命题 X 是真的未知，而其中之一必为真。

定义 2.3（主观观点）　设 $X=\{x_i \mid i=1,\cdots,k\}$ 是一个框架，x_i 为互不相交的命题，$\boldsymbol{b}$ 被称为信任量向量，u 为相应的不确定性量，$\boldsymbol{a}$ 是在 X 上的基率向量，所有的都是来自于一个主观实体 A 的观点，则复合函数 $\omega_X^A=(\boldsymbol{b},u,\boldsymbol{a})$ 为 A 在 X 上的主观观点，这表示传统的观点的信任符号。

2^X 是辨识框架 X 的幂集，$m_X(x)$ 是辨识框架的信任量函数，实体 A 对辨识框架 X 的观点为 $\omega_X^A=(\boldsymbol{b},u,\boldsymbol{a})$，其中 $\boldsymbol{b}$ 是关于命题 x_i 的信任函数，u 是不确定量，$\boldsymbol{a}$ 是关于命题 x_i 的基率值，根据信任函数和不确定函数的定义，辨识框架中各个命题 x_i 的信任值以及对 X 的不确定值为

$$\begin{cases} b(x_i)=\sum\limits_{y\subseteq\{x_i\}} m(y)=m(x_i) \\ u=\sum\limits_{y\not\subset\{x_i\}} m(y) \end{cases} \quad y\in 2^X, i=1,2,\cdots,k \tag{2.10}$$

根据信任量函数（即 mass 函数）的特点 $\sum\limits_{x\in 2^X} m_X(x)=1$，可得

$$u+\sum_{i=1}^{k} b(x_i)=1$$

式中，$0\leqslant u\leqslant 1$，$0\leqslant b(x_i)\leqslant 1$。

定义 2.4（概率期望向量）　设 $X=\{x_i \mid i=1,\cdots,k\}$ 是一个框架，ω_X 是在 X 上的观点，包括信任量 $\boldsymbol{b}$ 和不确定量 u。$\boldsymbol{a}$ 是在 X 上的基率向量，函数 $\boldsymbol{E}_X$ 从 X 到 $[0,1]^k$ 表示为

$$\boldsymbol{E}_X(x_i)=\boldsymbol{b}(x_i)+\boldsymbol{a}(x_i)u \tag{2.11}$$

被称为在 X 上的概率期望向量。

通过多项式主观逻辑的定义，我们可以知道二项式主观逻辑是其一个特殊情况。

2.1.3　证据空间

二项事件后验概率服从 Beta 分布，因此，二项事件的后验概率可以用 Beta 分布来表示。$\mathrm{Beta}(\alpha,\beta)$ 分布用 Γ 函数表示为

$$f(p\mid\alpha,\beta)=\frac{\Gamma(\alpha+\beta)}{\Gamma(\alpha)\Gamma(\beta)}p^{\alpha-1}(1-p)^{\beta-1} \tag{2.12}$$

式中，$0\leqslant p\leqslant 1,\alpha>0,\beta>0$。当 $\alpha<1$ 时，概率变量 $p\neq 0$；当 $\beta<1$ 时，概率变量 $p\neq 1$。Beta 分布的期望值为 $E(p)=\alpha/(\alpha+\beta)$。

概率密度函数（probability density function）的首字母缩写为“pdf”，例子中的变量 p 是概率变量，因此概率密度函数被称为概率 pdf，简写成“ppdf”。

当实际事件的相对原子数为 $\frac{1}{2}$ 时，ppdf 的表达对于二项事件是有效的。将 $f(p|\alpha,\beta)$ 扩展到具有任意相对原子数的事件空间中，具有任意相对原子数的事件满足下面的条件：

$$\begin{aligned}\alpha &= r + 2a \\ \beta &= s + 2(1-a)\end{aligned} \tag{2.13}$$

式中，$0 \leqslant a \leqslant 1, r \geqslant 0, s \geqslant 0$。$a$ 被定义为 ppdf 所应用的实际事件的相对原子数，等价于观念中的基率。r 表示支持实际事件的证据数，即肯定事件数。s 表示支持实际事件的对立面的证据数，即否定事件数。

令 f 是概率变量 p 的概率密度函数，那么可以把 f 表示为 r，s，a 的函数，具有任意相对原子数的事件的概率密度函数 f 可表示为

$$f(p|r,s,a) = \frac{\Gamma(r+s+2)}{\Gamma(r+2a)\Gamma(s+2(1-a))} p^{r+2a-1}(1-p)^{s+2(1-a)-1} \tag{2.14}$$

式中，$0 \leqslant p \leqslant 1, 0 \leqslant a \leqslant 1, r \geqslant 0, s \geqslant 0$。当 $(r+2a) < 1$ 时，概率变量 $p \neq 0$；当 $s+2(1-a) < 1$ 时，概率变量 $p \neq 1$。r、s、a 分别代表肯定事件数、否定事件数和相对原子数，这个函数简称为 ppdf。期望值为 $E(p) = (r+2a)/(r+s+2)$。

例如，有两个可能结果的观察试验（如二项事件空间，$a = 0.5$）产生了 $r = 7$ 个肯定结果，$s = 1$ 个否定结果，它的 ppdf 表示为 $f(p|7.0,1.0,0.5)$，如图 2.3 所示。图中的曲线表示在将来的观察试验中出现肯定结果的不确定概率，概率期望值为 $E(p) = 0.8$，解释为肯定结果的相对频率有些不确定，最可能的值是 0.8。

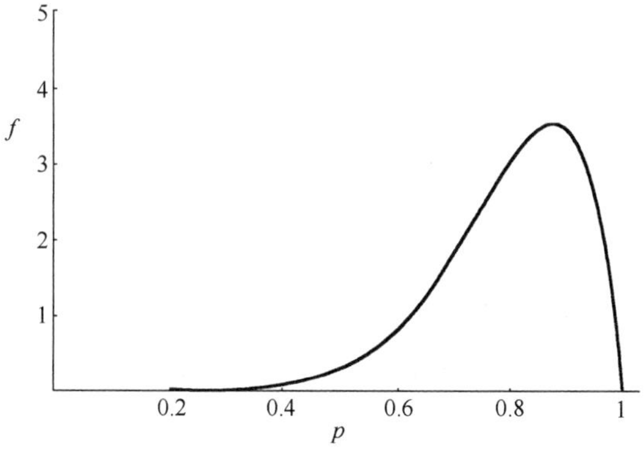

图 2.3　ppdf

2.1.4　观念空间和证据空间的映射

证据空间由一系列实体产生的可观察到的事件组成，实体产生的事件被简单地划

分为肯定事件(positive event)和否定事件(negative event)。Jøsang 使用如下公式将 $\omega_{X_j}^i$ 定义为事实空间中肯定事件数 $r_{X_j}^i$ 和否定事件数 $s_{X_j}^i$ 的函数：

$$\begin{cases} b_{X_j}^i = r_{X_j}^i / (r_{X_j}^i + s_{X_j}^i + C_{X_j}^i) \\ d_{X_j}^i = s_{X_j}^i / (r_{X_j}^i + s_{X_j}^i + C_{X_j}^i) \\ u_{X_j}^i = C_{X_j}^i / (r_{X_j}^i + s_{X_j}^i + C_{X_j}^i) \end{cases} \tag{2.15}$$

式中，$C_{X_j}^i$ 表示不确定因子，$C_{X_j}^i = 2$。该函数称为证据映射（evidence mapping）函数，Jøsang 给出了该公式的合理性证明，同时给出了期望的计算公式：

$$E_{X_j}^i = b_{X_j}^i + u_{X_j}^i \times a_{X_j}^i \tag{2.16}$$

式中，a 为基率。

概率密度函数 ppdf 是不确定概率的一个三维表示，这与观念空间中观念的三维表示是一致的。下面将给出观念空间和事实空间的映射。

令 $\omega = (b,d,u,a)$ 表示一个实体关于一个命题的观点，令 $f(p|r,s,a)$ 表示相同实体关于相同命题的概率密度函数，那么 ω 可以表示为 $f(p)$ 的一个函数，即

$$\begin{cases} b = r / r + s + 2 \\ d = s / r + s + 2 \\ u = 2 / r + s + 2 \end{cases} \tag{2.17}$$

式中，$u \neq 0$。$f(p)$ 也可以表示为 ω 的一个函数，如

$$\begin{cases} r = 2b / u \\ s = 2d / u \end{cases} \tag{2.18}$$

例如，概率密度函数 $f(p|0.0,0.0,0.5)$ 与观念 $\omega = (0.0,0.0,1,0.5)$ 对应，表示二项事件完全不确定。$f(p|\infty,0.0,a)$ 或绝对概率（absolute probability）与 $\omega = (1,0,0,a)$ 对应，表示绝对信任。$f(p|0,\infty,a)$ 或零概率（zero probability）与 $\omega = (0,1,0,a)$ 对应，表示绝对不可信。根据映射公式，ω 的解释和 $f(p)$ 的解释是一致的。

设 $\omega_X^{bn} = (\boldsymbol{b},u,\boldsymbol{d})$ 是一个以信任符号表达的观点，$\omega_X^{en} = (\boldsymbol{r},\boldsymbol{s})$ 是一个以证据符号表达的观点。两者都在框架 X 上。当以下等价映射成立时，观点 ω_X^{bn} 和 ω_X^{en} 是等价的。

$$\begin{cases} \boldsymbol{b}(x_i) = \dfrac{\boldsymbol{r}(x_i)}{W + \sum_{i=1}^{k} \boldsymbol{r}(x_i)} \\ u = \dfrac{W}{W + \sum_{i=1}^{k} \boldsymbol{r}(x_i)} \end{cases} \Leftrightarrow \begin{cases} \boldsymbol{r}(x_i) = \dfrac{W\boldsymbol{b}(x_i)}{u} \\ 1 = u + \sum_{i=1}^{k} \boldsymbol{b}(x_i) \end{cases} \tag{2.19}$$

默认的无信息先验权重为 $W=2$，但也可能是更大的值。式（2.19）是证据空间到信任空间的映射关系。

2.1.5　主观逻辑算子

1. 信任传递

假设两个实体 A 和 B，A 信任 B，同时实体 B 对属性 x 有高可信度。通过传递，实体 A 同样对属性 x 有高可信度。假设实体 B 向实体 A 对属性 x 进行推荐，依惯例信任和信念两者同时表达此观点。如图 2.4 所示，实箭头表示直接信任，虚箭头表示推荐信任。

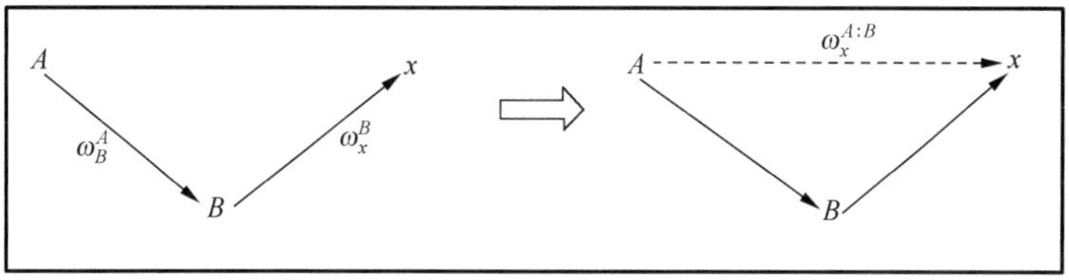

图 2.4　信任传递

信任的传递和信任本身一样，是一种人类的主观意愿，没有所谓的客观传递，因此信任传递会有不同的解释。信任传递中有两大困难需要解决，第一是当实体 A 认为实体 B 不会给出一个可信的推荐时，结果将如何？针对这一情况，将给出两种不同的解释和定义。第二是信任传递过程中基率 a 对信任评价的影响，将对这种情况进行简要分析，并给出对基率 a 敏感的传递算子的计算规则。

1）不确定的推荐信任传递

假设实体 A 对推荐实体 B 不信任，则意味着 A 认为 B 将忽略属性 x 的真值，最终实体 A 也将忽略属性 X 的真值。

假设实体 A 对实体 B 的信任评价为 $\omega_B^A=(b_B^A,d_B^A,u_B^A,a_B^A)$，实体 B 对实体 A 关于属性 X 的推荐信任为 $\omega_x^B=(b_x^B,d_x^B,u_x^B,a_x^B)$，$\omega_x^{A:B}=(b_x^{A:B},d_x^{A:B},u_x^{A:B},a_x^{A:B})$ 表示经信任传递后实体 A 对属性 x 的信任评价。传递算子为

$$\begin{cases} b_x^{A:B}=b_B^A b_x^B \\ d_x^{A:B}=b_B^A d_x^B \\ u_x^{A:B}=d_B^A+u_B^A+b_B^A u_x^B \\ a_x^{A:B}=a_x^B \end{cases} \tag{2.20}$$

$\omega_x^{A:B}$ 称为实体 A 对属性 x 的不确定的推荐信任传递，用符号•定义此操作，有

$$\omega_x^{A:B}=\omega_B^A \bullet \omega_x^B$$

此算子满足结合律但是不满足交换律，这意味着信任评价传递的顺序相当重要。

2）相左的信任推荐

实体 A 对推荐实体 B 不信任，意味着实体 A 认为实体 B 对属性 X 的信任评价总是违背它的真实评价。因此，实体 A 不仅不信任实体 B 的推荐，而且它对属性 x 的评价总是与实体 B 给出的评价相左。信任传递如图 2.5 所示。

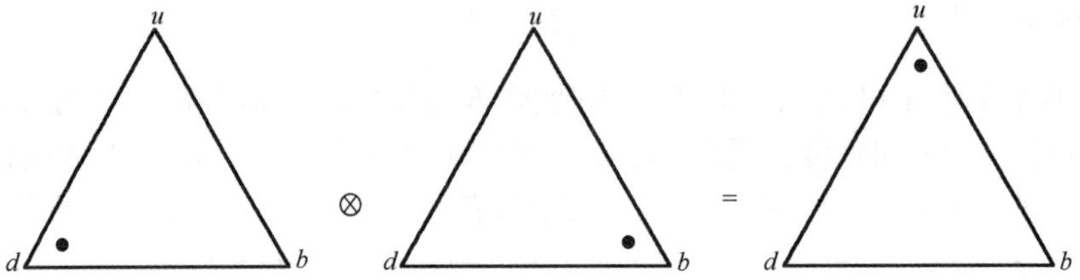

图 2.5　信任传递

同样假设实体 A 对实体 B 的信任评价为 $\omega_B^A=(b_B^A,d_B^A,u_B^A,a_B^A)$，实体 B 对实体 A 关于属性 X 的推荐信任为 $\omega_x^B=(b_x^B,d_x^B,u_x^B,a_x^B)$，$\omega_x^{A:B}=(b_x^{A:B},d_x^{A:B},u_x^{A:B},a_x^{A:B})$ 表示经信任传递后实体 A 对属性 x 的信任评价。传递算子为

$$\begin{cases} b_x^{A:B}=b_B^A b_x^B+d_B^A d_x^B \\ d_x^{A:B}=b_B^A d_x^B+d_B^A b_x^B \\ u_x^{A:B}=u_B^A+(b_B^A+d_B^A)u_x^B \\ a_x^{A:B}=a_x^B \end{cases} \tag{2.21}$$

$\omega_x^{A:B}$ 称为实体 A 对实体 B 相左的信任推荐，用符号 $\otimes$ 定义此操作，有

$$\omega_x^{A:B}=\omega_B^A\otimes\omega_x^B$$

以上算子符合“敌人的敌人是朋友”这一原则。此算子只能在这一原则合乎情理的情况下使用。当传递路径大于 2 时，这一原则是否合乎情理还有待商榷。换句话说，你的敌人的敌人的敌人是否还是你的敌人是很值得怀疑的。

3）对基率 a 敏感的信任传递

前面定义的两个信任传递算子中，a_B^A 对信任传递没有影响。在一些情况下，这似乎有违常理，例如，假设一个陌生人来到一个小镇，据说小镇的居民都是诚实的。这个陌生人想找一个好的汽车修理商，他直接向他遇到的第一个人进行询问。小镇的居民告诉他，这个小镇上有两个人的修车技术很好，David 和 Eric，David 价格便宜但是不是每次都能修好；Eric 虽然有点贵，但是他的工作有保证。将上述的情况转化为主观逻辑形式，陌生人在没有其他消息来源的情况下进行考虑，他对小镇居民的可信度和不可信度均为 0，但是小镇居民口碑历来很好，即陌生人对小镇居民提供的信息抱有很高的期望值。若不考虑 a_B^A，依据主观逻辑之前定义的传递算子，则此时陌生人依据此证据无法判断哪个修理商更好。因此一个直观的方式是在传递算子的计算过程中考虑基率的影响。

同样假设实体 A 对实体 B 的信任评价为 $\omega_B^A=(b_B^A,d_B^A,u_B^A,a_B^A)$，实体 B 对实体 A 关于属性 X 的推荐信任为 $\omega_x^B=(b_x^B,d_x^B,u_x^B,a_x^B)$，$\omega_x^{A:B}=(b_x^{A:B},d_x^{A:B},u_x^{A:B},a_x^{A:B})$ 表示经信任传递后实体 A 对属性 x 的信任评价。传递算子为

$$\begin{cases}b_x^{A:B}=E(\omega_B^A)b_x^B\\d_x^{A:B}=E(\omega_B^A)d_x^B\\u_x^{A:B}=1-E(\omega_B^A)(b_x^B+d_x^B)\\a_x^{A:B}=a_x^B\end{cases}\tag{2.22}$$

式中，$E(\omega_B^A)=b_B^A+a_B^Au_B^A$。

然而，此算子需谨慎使用。再次假设城市中的公民都是诚实的，陌生人 A 对他遇到的第一个人 B 有信任评价 ω_B^A=(0, 0, 1, 0.99)。此评价是建立在没有任何证据基础上的，但是有相当高的基率（a_B^A=0.99）。如果 B 此时向 A 进行推荐，其推荐信任评价为 ω_x^B=(1, 0, 0, a)，那么依据上述定义的算子，A 对 x 的信任评价为 $\omega_x^{A:B}$=(0.99, 0, 0.01, a)。换句话说，A 对 B 高度的不确定性推出 A 对 x 高度的确定性，这似乎有违常理。当信任路径过长时，这个潜在的问题将被放大，因此，此算子只适用于信任传递路径的最后一步且对基率敏感时。

2. 信任聚合

信任聚合的关键问题是如何保证对多个观点进行融合时，不仅保证公正还要保证对每个观点会公平对待。例如，当两个实体同时对属性 x 有信任评价时，通过信任聚合，最终将两个不同的观点融合成一个。

为了提供整合观点的融合操作，Jøsang 给出两个融合算子：累积融合算子和平均融合算子。第一种情况是两个观察者在不同时间周期观察的结果。这种情况下，观察是独立的，融合结果为累积融合。另一种情况是两个观察者在相同时间周期观察的结果。这种情况下，融合结果为平均融合。下面分别给出累积融合算子和平均融合算子的具体计算方法。

1）累积融合算子

假设 $\omega_x^A=\{b_x^A,d_x^A,u_x^A,a_x^A\}$ 为实体 A 对属性 x 的信任评价，$\omega_x^B=\{b_x^B,d_x^B,u_x^B,a_x^B\}$ 为实体 B 对属性 x 的信任评价，$\omega_x^{A,B}=\{b_x^{A,B},d_x^{A,B},u_x^{A,B},a_x^{A,B}\}$ 为信任聚合后的评价，则

$$\begin{cases}b_x^{A,B}=(b_x^Au_x^B+b_x^Bu_x^A)/k\\d_x^{A,B}=(d_x^Au_x^B+d_x^Bu_x^A)/k\\u_x^{A,B}=(u_x^Au_x^B)/k\\a_x^{A,B}=\dfrac{a_x^Au_x^B+a_x^Bu_x^A-(a_x^A+a_x^B)u_x^Au_x^B}{u_x^A+u_x^B-2u_x^Au_x^B}\end{cases}\tag{2.23}$$

式中，$k=u_x^A+u_x^B-u_x^Au_x^B$。

当 u_x^A 和 u_x^B 同时趋近于 0 时

$$\begin{cases} b_x^{A,B} = \dfrac{\gamma b_x^A + b_x^B}{\gamma + 1} \\ d_x^{A,B} = \dfrac{\gamma d_x^A + d_x^B}{\gamma + 1} \\ u_x^{A,B} = 0 \\ a_x^{A,B} = \dfrac{\gamma a_x^A + \gamma a_x^B}{\gamma + 1} \end{cases} \tag{2.24}$$

式中，$\gamma = u_x^B / u_x^A$

$\omega_x^{A,B}$ 称为实体 A 和实体 B 聚合后对属性 x 的信任评价，用符号 $\oplus$ 定义此操作，有

$$\omega_x^{A,B} = \omega_x^A \oplus \omega_x^B$$

很容易证明此算子既满足交换律又满足结合律，也就是说，最终的信任评价与观点结合的顺序无关。但是前提要保证各观点是相对独立的，即观点的来源是基于不同证据的。

2）平均融合算子

用 ω_C^A 和 ω_C^B 分别表示 A 对 C 的信任和 B 对 C 的信任。$\omega_C^{A\Diamond B}$ 表示 ω_C^A 和 ω_C^B 的融合信任，用符号 $\oplus$ 代表该算子。那么，$\omega_C^{A\Diamond B} = \omega_C^A \oplus \omega_C^B$，其中

$$\begin{cases} b_C^{A\Diamond B} = (b_C^A u_C^B + b_C^B u_C^A) / (u_C^A + u_C^B) \\ d_C^{A\Diamond B} = (d_C^A u_C^B + d_C^B u_C^A) / (u_C^A + u_C^B) \\ u_C^{A\Diamond B} = 2u_C^A u_C^B / (u_C^A + u_C^B) \end{cases} \tag{2.25}$$

2.1.6　Beta 二项式模型

一般情况下，二项式观点与 Beta 概率密度函数相对应。设 α 和 β 为两个证据参数，与之相关的 Beta 概率密度函数为 $\mathrm{Beta}(p \mid \alpha, \beta)$，有

$$\mathrm{Beta}(p \mid \alpha, \beta) = \frac{\Gamma(\alpha + \beta)}{\Gamma(\alpha)\Gamma(\beta)} p^{\alpha-1}(1-p)^{\beta-1} \tag{2.26}$$

式中，$0 \leqslant p \leqslant 1, \alpha > 0, \beta > 0$。

Beta 概率密度函数中满足：若 $\alpha < 1$，则 $p \neq 0$；若 $\beta < 1$，则 $p \neq 1$。

假设 r 为关于命题 x 的观察次数，s 为关于命题 $\bar{x}$ 的观察次数。通过观察次数 (r,s) 及基率 a 可以得到关于参数 α 和 β 的函数，即

$$\begin{aligned} \alpha &= r + Wa \\ \beta &= s + W(1-a) \end{aligned} \tag{2.27}$$

相应地，其另一种表示方法（Beta 概率密度函数）为

$$\mathrm{Beta}(p\,|\,r,s,a)=\frac{\Gamma(r+s+2)}{\Gamma(r+Wa)\Gamma(s+W(1-a))}p^{r+Wa-1}(1-p)^{s+W(1-a)-1} \tag{2.28}$$

式中，$0\leqslant p\leqslant 1, r+Wa>0, s+W(1-a)>0$。

Beta 概率密度函数中同样满足：若 $r+Wa<1$，则 $p\neq 0$；若 $s+W(1-a)<1$，则 $p\neq 1$。

为保证初始基率值为 0.5（$a=0.5$）的先验 Beta 概率密度函数为一个标准的概率密度函数，无信息情况下的先验权重 W 通常默认取值为 2（$W=2$）。

Beta 概率密度函数中的概率期望值定义为

$$E(\mathrm{Beta}(p\,|\,\alpha,\beta))=\frac{\alpha}{\alpha+\beta}=\frac{r+Wa}{r+s+W} \tag{2.29}$$

二项式观点 $\omega_x=(b,d,u,a)$ 中的参数与 Beta 概率密度函数 $\mathrm{Beta}(p\,|\,r,s,a)$ 中参数的对应关系如下。

定义 2.5（二项式观点与 Beta 之间的映射）　令 $\omega_x=(b,d,u,a)$ 表示二项式观点，$\mathrm{Beta}(p\,|\,r,s,a)$ 表示 Beta 概率密度函数，二者均在相同的命题 x 下，即在二维状态空间 $\{x,\bar{x}\}$ 下，观点 ω_x 和 $\mathrm{Beta}(p\,|\,r,s,a)$ 之间的映射关系为

$$\begin{cases} b=r/r+s+W \\ d=s/r+s+W \\ u=2/r+s+W \end{cases}$$

等价于以下两种情况。

（1）当 $u\neq 0$ 时，有

$$\begin{cases} r=Wb/u \\ s=Wd/u \\ 1=b+d+u \end{cases} \tag{2.30a}$$

（2）当 $u=0$ 时，有

$$\begin{cases} r=b\infty \\ s=d\infty \\ 1=b+d \end{cases} \tag{2.30b}$$

无信息情况下，先验权重 W 通常默认取值为 2，因为只有基率（$a=0.5$）时，可以得到一个标准的 Beta 概率密度函数。假设二项式观点为 $\omega_x=(0,0,1,0.5)$，与之相应的标准化的 Beta 概率密度函数为 $\mathrm{Beta}(p\,|\,1,1,0.5)$。

以 $\mathrm{Beta}(p\,|\,2.53,4.13)$ 为例，假设二项式观点为 $\omega_x=(0.2,0.5,0.3,0.6)$ 时，通过式（2.30a），与之对应的 Beta 概率密度函数如图 2.6 所示。

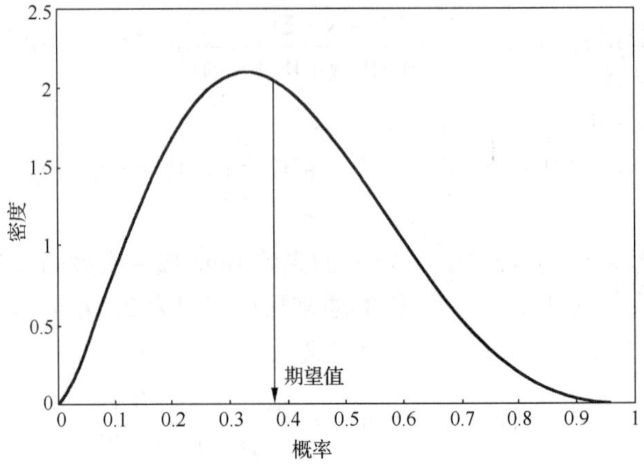

图 2.6　Beta$(p\,|\,2.53, 4.13)$ 的概率密度函数

图 2.6 中假设$\alpha = 2.53$ 且$\beta = 4.13$，相应的概率期望值$E(\mathrm{Beta}(p\,|\,\alpha,\beta)) = \dfrac{2.53}{6.66} = 0.38$。此值与二项式观点中的期望值相同，因为通过式（2.30），二项式观点与 Beta 概率密度函数之间进行了完整映射。二项式观点与 Beta 概率密度函数之间的映射关系是非常有效的，主观逻辑算子在密度函数中得到了很好的应用，反之亦然。同样也因为二项式观点是通过统计观察可以直接得到的。

2.1.7　多项式主观逻辑与 Dirichlet 多项式模型

下面介绍 Dirichlet 多项式模型。

基数为 k 的框架下，多项式概率密度通过一个维度为 k 的 Dirichlet 密度函数来表示，一个特殊的情况是基数为 2（$k = 2$）的框架下，其概率密度用 Beta 密度函数来表示。一般地，Dirichlet 密度函数可以用来代表 k 个随机概率向量变量 $\boldsymbol{p}(x_i)$，其中$i = 1,\cdots,k$，且样本空间$[0,1]^k$ 满足$\sum_{i=1}^{k}\mathrm{vecp}(x_i) = 1$。通过这些可加性需求，Dirichlet 密度函数只剩$k-1$个自由度。这意味着这$k-1$个概率变量和它们的密度决定了最终的密度和概率变量。

定义 2.6（Dirichlet 密度函数）　令 X 是一个由 k 个互不相交的元素组成的框架，$\boldsymbol{a}$ 代表 X 中元素的证据向量。为了表示简洁，定义向量 $\boldsymbol{p} = \{\boldsymbol{p}(x_i)\,|\,1 \leqslant i \leqslant k\}$ 用来表示 k 个随机变量的概率，向量 $\boldsymbol{a} = \{\boldsymbol{a}(x_i)\,|\,1 \leqslant i \leqslant k\}$ 用来表示 k 个随机输入的参数向量 $[\boldsymbol{a}(x_i)]_{i=1}^{k}$。多项式观点所对应的 Dirichlet 分布定义为 Dirichlet$(\boldsymbol{p}\,|\,\boldsymbol{a})$，有

$$\mathrm{Dirichlet}(\boldsymbol{p}\,|\,\boldsymbol{a}) = \frac{\Gamma\left(\sum_{i=1}^{k}\boldsymbol{a}(x_i)\right)}{\prod_{i=1}^{k}\Gamma\left(\boldsymbol{a}(x_i)\right)}\prod_{i=1}^{k}\boldsymbol{p}(x_i)^{\boldsymbol{a}(x_i)-1} \tag{2.31}$$

式中，$\boldsymbol{a}(x_1),\cdots,\boldsymbol{a}(x_k)\geqslant 0$。

向量$\boldsymbol{a}$代表观察证据的先验概率向量，无信息情况下的先验权重用常数 W 表示，同时权重 W 以基率的函数形式平均分布在所有可能的输出上，通常情况下，$W=2$。

框架中基数为 k 的单个元素可以存在与默认值$1/k$不同的基率，因此可以将基率$\boldsymbol{a}$定义为 k 个互不相交的元素 x_i 随机分布的向量 $\boldsymbol{a}$，只要相加后满足等式$\sum\limits_{x_i\in X}\boldsymbol{a}(x_i)=1$，则对于 $x_i\in X$ 的总证据$\boldsymbol{a}(x_i)$可以表示为

$$\boldsymbol{a}(x_i)=\boldsymbol{r}(x_i)+W\boldsymbol{a}(x_i) \tag{2.32}$$

对于$\forall x_i\in X$，有

$$\begin{cases}\boldsymbol{r}(x_i)\geqslant 0\\ \boldsymbol{a}(x_i)\in[0,1]\\ \sum\limits_{i=1}^{k}\boldsymbol{a}(x_i)=1\\ W\geqslant 2\end{cases}$$

关于 k 个 x_i 状态的 Dirichlet 密度函数可以用关于基率向量 $\boldsymbol{a}$、无信息情况下的先验权重 W 和观察到的证据 $\boldsymbol{r}$ 的函数来表示。

式（2.32）是可行的，因为它使得框架下每个元素概率密度的测定都存在任意一个基准利率与之对应。按照式（2.31）中给出的 Dirichlet 密度函数，k 个随机的概率变量的可能期望可以由式（2.33）得到，即

$$\boldsymbol{E}_X(x_i\mid\boldsymbol{r},\boldsymbol{a})=\frac{\boldsymbol{r}(x_i)+W\boldsymbol{a}(x_i)}{W+\sum\limits_{x_j\in X}\boldsymbol{r}(x_j)},\quad \forall x_i\in X \tag{2.33}$$

可视化的 Dirichlet 密度函数是具有挑战性的，因为它是一个具有$k-1$维度的密度函数，而 k 为框架的基数。由于上述原因，三维框架下的 Dirichlet 密度函数是可视化的最大程度。

假设一个盒子里有三个球，每个球都有不同的标记：x_1、x_2和x_3，这意味着若一个球标记为x_1、x_2和x_3的一种，则均可以放入这个盒子中。因为有三种不同的标记，将框架的基数定为 3，即$k=3$。首先假设除了基数 k 外，对其他信息不可见，这意味着盒子中x_1、x_2和x_3这三类的各自数量和它们之间的比例未知，而且每一类标记球的概率均为$a=1/k=1/3$。初始时，有$\boldsymbol{r}(x_1)=\boldsymbol{r}(x_2)=\boldsymbol{r}(x_3)=0$。通过式（2.33）可以知道随机选出任一个特定标志的小球的先验概率为$a=1/3$。

无信息情况下的先验 Dirichlet 密度函数如图 2.7(a)所示。假设观察者从中有放回地挑选了 6 个标记为x_1的球、1 个标记为x_2的球和 1 个标记为x_3的球，即$\boldsymbol{r}(x_1)=6$、

$\boldsymbol{r}(x_2)=1$、$\boldsymbol{r}(x_3)=1$。之后经过计算，挑选标记为 x_1 的球的后验期望概率改为 $\boldsymbol{E}_X(x_1)=\dfrac{2}{3}$，而通过图 2.7(b)，我们可以得到后验 Dirichlet 密度函数。

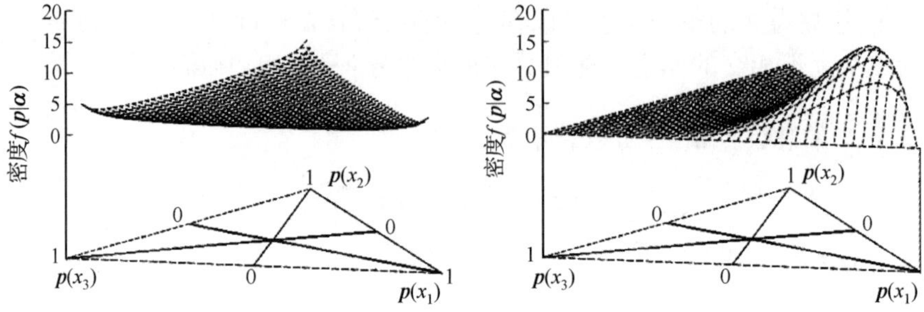

(a) 无信息先验Dirichlet密度　　(b) 后验Dirichlet密度

图 2.7　先验和后验 Dirichlet 密度函数

下面看一个从三维映射到二维的例子。

与上面一样，同样假设一个盒子里存在标有 x_1、x_2 和 x_3 的三类小球，这一次只考虑二进制的标志，即 x_1 和 $\overline{x}_1=\{x_2,x_3\}$。选到 x_1 的基率设为 x_1 的相对原子数，即 $a(x_1)=1/3$。同样地，$\overline{x}_1$ 的基率为 $a(x_1)=a(x_2)+a(x_3)=2/3$。

同样假设观察者有放回地挑选了 6 个标记为 x_1 的小球和 2 个标记为 $\overline{x}_1$（即标记为 x_2 和 x_3）的小球。转化为证据向量即为 $\boldsymbol{r}(x_1)=6$、$\boldsymbol{r}(\overline{x}_1)=2$。

如果框架减少到二维，相应的 Dirichlet 密度函数简化为 Beta 密度函数，同样关于基率 a 的先验概率和后验概率如图 2.8 所示。

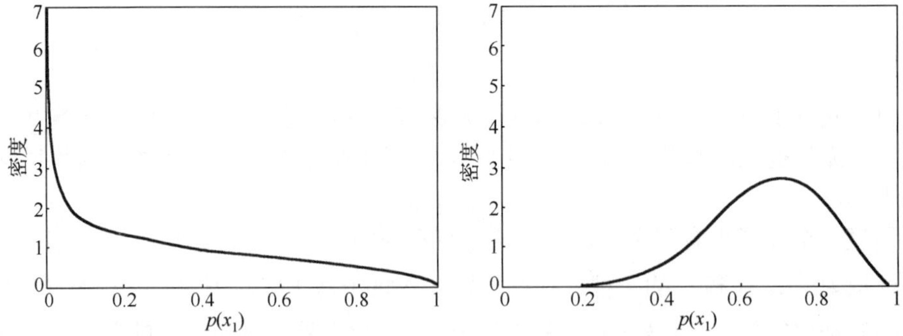

(a) 无信息先验Beta概率密度　　(b) 在6个球标记为x_1, 2个球标记为x_2或者x_3

图 2.8　先验和后验 Beta 密度函数

通过式（2.33）计算随机选择一个标记为 x_1 的小球的后验概率为 $\boldsymbol{E}_X(x_1)=\dfrac{2}{3}$，这和简化为二维框架之前的结果一致。这表明简化为二维框架下的 Beta 密度函数并不会对特定事件的概率期望值造成影响。

下面是多项式观点与 Dirichlet 之间的映射。

通过状态空间 Dirichlet 密度函数将观察证据直接转化为概率密度函数。观察证据的表示加上基率，直接决定了最终的观点。也就是说，它有可能直接定义了框架 X 下的 Dirichlet 概率密度函数与多项式观点之间的一个双射。

假设框架 $X=\{x_i \mid i=1,\cdots,k\}$，$\omega_X=(\boldsymbol{b},u,\boldsymbol{a})$ 为框架 X 下的一个观点，令 Dirichlet $(\boldsymbol{p} \mid \boldsymbol{r},\boldsymbol{a})$ 为框架 x 下的 Dirichlet 概率密度函数。

想要得到 ω_X 与 Dirichlet$(\boldsymbol{p} \mid \boldsymbol{r},\boldsymbol{a})$ 之间的双射，需要将来自于 ω_X 的概率期望值 $\boldsymbol{E}_X(x_i)$ 等价成来自于 Dirichlet$(\boldsymbol{p} \mid \boldsymbol{r},\boldsymbol{a})$ 的值，转换过程如下。

对于任意的 $x_i \in X$，均有

$$\boldsymbol{E}(\omega_X)=\boldsymbol{E}(\text{Dirichlet}(\boldsymbol{p} \mid \boldsymbol{r},\boldsymbol{a})) \tag{2.34}$$

等价于

$$\boldsymbol{b}(x_i)+\boldsymbol{a}(x_i)u=\frac{\boldsymbol{r}(x_i)}{W+\sum_{i=1}^{k}\boldsymbol{r}(x_i)}+\frac{W\boldsymbol{a}(x_i)}{W+\sum_{i=1}^{k}\boldsymbol{r}(x_i)} \tag{2.35}$$

同样需要保证信任向量 $\boldsymbol{b}(x_i)$ 是一个关于证据 $\boldsymbol{r}(x_i)$ 的增函数，u 是关于 $\sum_{i=1}^{k}\boldsymbol{r}(x_i)$ 的减函数。换句话说，对于一个特定的结果 x_i，有更多的证据支持，相应地，最终的信任向量也越大。进一步说，可用的证据越多，观点中的不确定性越小。上面提到，通常情况下，$W=2$。

当 u 趋近于 0 时，即 $u \to 0$，有 $\sum_{i=1}^{k}\boldsymbol{b}(x_i) \to 1$，进而 $\sum_{i=1}^{k}\boldsymbol{r}(x_i) \to \infty$。这意味着至少有一些，但不是所有，其证据参数 $\boldsymbol{r}(x_i)$ 是无穷大的。

定义 2.7（多项式观点与 Dirichlet 之间的映射）　令 $\omega_X=(\boldsymbol{b},u,\boldsymbol{a})$ 为一个多项式观点，Dirichlet$(\boldsymbol{p} \mid \boldsymbol{r},\boldsymbol{a})$ 为一个 Dirichlet 的概率密度函数，两者均在基数为 k 的框架 X 下。多项式观点 ω_X 和 pdf Dirichlet$(\boldsymbol{p} \mid \boldsymbol{r},\boldsymbol{a})$ 之间的等价映射如下。

对于 $\forall x_i \in X$，有

$$\begin{cases} \boldsymbol{b}(x_i)=\dfrac{\boldsymbol{r}(x_i)}{W+\sum_{i=1}^{k}\boldsymbol{r}(x_i)} \\ u=\dfrac{W}{W+\sum_{i=1}^{k}\boldsymbol{r}(x_i)} \end{cases}$$

等价于下面两种情况。

（1）对于 $u \neq 0$，有

$$\begin{cases} \boldsymbol{r}(x_i) = \dfrac{W\boldsymbol{b}(x_i)}{u} \\ 1 = u + \sum_{i=1}^{k} \boldsymbol{b}(x_i) \end{cases} \tag{2.36a}$$

（2）对于 $u = 0$，有

$$\begin{cases} \boldsymbol{r}(x_i) = \boldsymbol{r}(x_i)\infty \\ 1 = \sum_{i=1}^{k} \boldsymbol{b}(x_i) \end{cases} \tag{2.36b}$$

2.1.8　概率观点表达

设 X 是一个框架，ω_X^{pn} 是一个在 X 上的信念概念的观点。设 $\boldsymbol{E}$ 是一个在 X 上定义的多项式概率期望函数，$\boldsymbol{a}$ 是在 X 上定义的概率函数，$c = 1 - u$ 是在 X 上的不确定函数。概率观点表示为 $\omega_X^{pn} = \{\boldsymbol{E}, c, \boldsymbol{a}\}$

当 $c = 1$ 时，$\boldsymbol{E}$ 是一个传统的不含不确定性的离散概率分布。当 $c = 0$ 时，则 $\boldsymbol{E} = \boldsymbol{a}$，并且没有接收到证据，因此，概率分布 $\boldsymbol{E}$ 完全不确定。

观点的信念概念和概率概念的等价式定义如下。

定理 2.1（概率概念等价式）　设 $\omega_X^{bn} = \{\boldsymbol{b}, u, \boldsymbol{a}\}$ 是一个信念观点表达，$\omega_X^{pn} = \{\boldsymbol{E}, c, \boldsymbol{a}\}$ 是一个概率观点表达。两者都在同一框架 X 上。当以下映射成立时，观点 ω_X^{bn} 和 ω_X^{pn} 是等价的。

$$\begin{cases} \boldsymbol{E}(x_i) = \boldsymbol{b}(x_i) + \boldsymbol{a}(x_i)u \\ c = 1 - u \end{cases} \Leftrightarrow \begin{cases} \boldsymbol{b}(x_i) = \boldsymbol{E}(x_i) + \boldsymbol{a}(x_i)(1 - c) \\ u = 1 - c \end{cases} \tag{2.37}$$

设 X 的基为 k，则根据概率可加性，基率向量 $\boldsymbol{a}$ 和概率期望向量 $\boldsymbol{E}(x_i)$ 都具有 k–1 的自由度。另外的独立不确定性参数 c 和概率观点都具有 2k–1 的自由度。

2.1.9　模糊分类表达

人类语言提供了各种常用的短语用来表达可能性和不确定性。根据特殊应用的需要，也许可以用模糊词分类表达二项式观点。一个模糊分类的例子如表 2.1 所示。

表 2.1　模糊分类

确定性分类	可能性分类	完全不可能	非常不可能	不太可能	有些不可能	有可能的机会	有点可能	有可能	非常可能	完全可能
		9	8	7	6	5	4	3	2	1
完全不确定	E	9E	8E	7E	6E	5E	4E	3E	2E	1E
非常不确定	D	9D	8D	7D	6D	5D	4D	3D	2D	1D

续表

确定性分类	可能性分类	完全不可能	非常不可能	不太可能	有些不可能	有可能的机会	有点可能	有可能	非常可能	完全可能
		9	8	7	6	5	4	3	2	1
不确定	C	9C	8C	7C	6C	5C	4C	3C	2C	1C
有些不确定	B	9B	8B	7B	6B	5B	4B	3B	2B	1B
完全确定	A	9A	8A	7A	6A	5A	4A	3A	2A	1A

这些模糊分类词能够映射到观点三角形的区域，见图 2.9。映射必须定义为期望值和不确定性的组合范围。在一个具体的模糊分类和一个观点三角形的具体几何区域之间的映射基于基率。没有指定具体的范围，图表示了大约的范围。为了对武断或茫然的信念分类，边缘的范围是故意使之狭窄的，即信念表达期望值接近绝对 0 或者 1。可能性分类和不确定性分类的数量以及具体的范围必须根据应用需要来决定。图 2.9 阐述了在基率 $a=1/3$ 和 $a=2/3$ 情况下类观点映射。映射由类区域和三角形重合的区域所决定。无论何时，一个模糊分类区域与三角形观点重合（部分或者完全），那个模糊分类是一个可能映射。

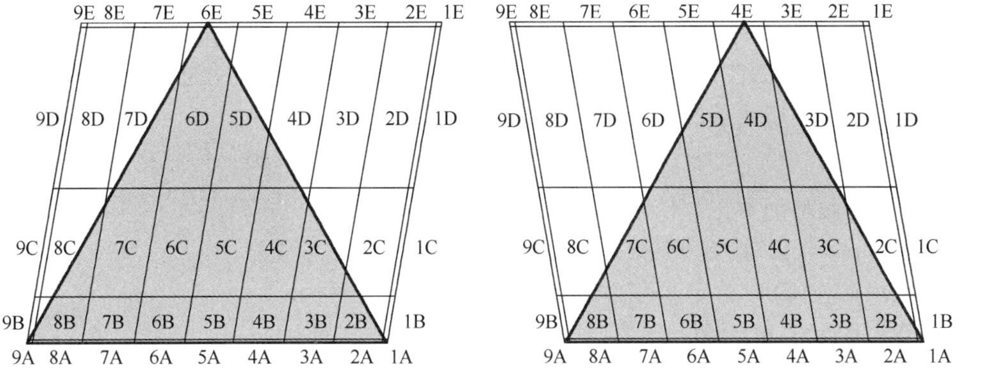

(a) 模糊类$a=1/3$　　(b) 模糊类$a=2/3$

图 2.9 映射从模糊分类到信念范围（如基率函数）

注意，模糊分类区域与三角中不同区域的重合依赖于基率。例如，模糊分类 7D:“不太可能和非常不确定”很可能是$a=1/3$的情况，而不是$a=2/3$的情况。这是因为状态 x 的期望被定义为$E(x)=b_x+a_xu_x$，所以，当$a_xu_x\to 1$时，$E(x)\to 1$，意味着可能性分类“不太可能”是不可能的。

从模糊分类到主观观点的映射也很简单明了。从几何角度讲，这个映射过程包括映射模糊的形容词到三角形观点相应的网格单元中心部分。当然，一些映射将永远不可能为一个给定的基率，但是这些逻辑上的不一致应该被选择性地排除。

注意到尽管一个具体点模糊分类映射到三角形观点的不同几何区域依赖于基率，然而它总是会与相同的 Beta 概率密度函数区域相对应。用观点三角形可视化二项式观点的范围是简单的，但是可视化 Beta 概率密度函数范围是不容易的。二项式观点与概率密度函数之间的映射在模糊分类方面提供了一个非常强大的方式来描述概率密度函数，反之亦然。

2.1.10 条件推理

1. 条件推理概述

条件命题是像“如果我们不快点儿，我们就要迟到了”或者“如果下雨，迈克尔会带一把雨伞”这样的命题。条件是这样一种命题：“如果 x，那么 y”，其中 x 表示前提，y 表示命题的结论。条件的真值有不同的表示方式，如二元表示（TRUE 或 FALSE），概率度量或意见。条件是一种复杂的命题，因为条件所包含的前提和结论本身也是具有相同表示方式的具有真值的命题。令一个条件命题为另一个条件命题的前提，这样多个条件命题可以形成链[10]。

条件推理需要前提与结论相关联，并且结论依靠前提。基于前提和结论依赖关系的条件是普遍适用的，该条件被称为逻辑条件（logical conditional）。基于逻辑条件的推理反映了人们本能的条件推理。

二元逻辑和概率积分具有一些关于条件推理的技巧。在二元逻辑中，演绎推理（MP）和拒取式（MT）是经典的运算，可运用于要求条件推论的逻辑中的各个领域。在概率积分中，二元条件推论表示为

$$p(y\|x)=p(x)p(y|x)+p(\overline{x})p(y|\overline{x}) \tag{2.38}$$

式中，各项解释如下。

（1）$p(y|x)$：给定 x 为 TRUE 时，y 的条件概率。

（2）$p(y|\overline{x})$：给定 x 为 FALSE 时，y 的条件概率。

（3）$p(x)$：先验命题 x 的概率。

（4）$p(\overline{x})$：先验命题补集的概率 $1-p(x)$。

（5）$p(y\|x)$：结论 y 的推论概率。

（6）符号 $y\|x$ 表示真实或命题 y 的概率被推导为伴有条件的先验命题 x 的概率函数。

2. 概率条件推理

概率条件推理被广泛地应用于由概率性输入证据推出结论的领域，如医疗中通过化验来诊断病情。一家制药公司针对一种特殊的传染性疾病进行了一次试验，让一组已经被感染的人和一组未被感染的人参与该试验以判断其可靠性。试验的结果依据灵敏度 $p(x|y)$ 和不确定概率 $p(x|\overline{y})$ 判断其可靠性，其中 x 表示可靠的试验，y 表示已被感染，$\overline{y}$ 表示未被感染。

条件的结束如下。

（1）$p(x|y)$：已经被感染情况下的可靠试验的概率。

（2）$p(x|\overline{y})$：未被感染情况下的可靠试验的概率。

为了将以上可靠性测量方法应用于实际环境中，需要根据从事者的需要反向地表示条件，以便于应用式（2.38）。

需要对条件做出分析。

（1）$p(y|x)$：给定可靠试验情况下感染的概率。

（2）$p(y|\overline{x})$：给定不可靠试验情况下感染的概率。

但是这些条件对从事者来说并不是直接可用的。然而，在感染概率已知的情况下，条件可以获得。

医学中的错误基率谬论（the base rate fallacy）包括 $p(x|y)=p(y|x)$ 的错误假设。

当这种推理错误能经常推出相对来说较好的正确的判断概率近似值时，如果总体的人口得病率非常低或试验的可靠性不理想，那么将会导致完全错误的结论和错误的判断。推理所需的条件可以依据贝叶斯法则对可用的条件进行反置来获得，即

$$\begin{cases} p(x|y)=\dfrac{p(x\wedge y)}{p(y)} \\ p(y|x)=\dfrac{p(x\wedge y)}{p(x)} \end{cases} \Rightarrow p(y|x)=\frac{p(y)p(x\wedge y)}{p(x)} \tag{2.39}$$

式中，$p(y)$表示总体的人口得病率。运用式（2.38）将每一项中的 x 和 y 互换，式（2.39）中可靠试验 $p(x)$的期望率可以通过关于基率 $p(y)$的函数计算得到。下面的用 $a(x)$和 $a(y)$分别表示 x 和 y 的基率。所需的条件表示为

$$p(y|x)=\frac{a(y)p(x\wedge y)}{a(y)p(x|y)+a(\overline{y})p(x|\overline{y})} \tag{2.40}$$

医学试验的结果被认定为可靠或不可靠，因此当运用式（2.38）的时候可以假定 $p(x)=1$ 或 $p(\overline{x})=1$。假设双亲测试可靠，式（2.38）可以简化为 $p(y\|x)=p(y|x)$，进而依据式（2.40）将得到双亲确实得病的正确近似结论。

在一般情况下，用概率表示的先验真值不只是二元的真或假，相反的条件还需要满足式（2.38）的约束。如果否定条件不能直接获得，则可以根据式（2.40）将每一项中的 x 和 $\overline{x}$ 互换得到。

$$\begin{aligned} p(y|\overline{x}) &= \frac{a(y)p(\overline{x}\wedge y)}{a(y)p(\overline{x}|y)+a(\overline{y})p(\overline{x}|\overline{y})} \\ &= \frac{a(y)(1-p(x\wedge y))}{a(y)(1-p(x|y))+a(\overline{y})(1-p(x|\overline{y})} \end{aligned} \tag{2.41}$$

即使所需的条件以相反的形式表示，也可以根据式（2.40）和式（2.41）获得所需要的条件推理。

这种关系框架适用于互不相交结构的传统状态矢量空间的意义描述。通过使用双亲框架（parent frame）和子女框架（child frame）的关系表示推理的方向，意味着双亲框架是分析者所拥有的相关证据，基于子女框架的概率是分析者所需要的。因此，定义双亲和子女框架等价于定义推理的方向。

当双亲框架为可用条件的先验事件且子女框架为可用条件的后验事件时，称为前向条件推理（又称为演绎）。与之相反，当双亲框架为可用条件的后验事件且子女框架为可用条件的先验事件时，称为反绎。

演绎和反绎推理的具体情况如图 2.10 中描述，其中 x 代表双亲框架中的一种结构，y 代表子女框架中的一种结构。条件用 p（后验|先验）描述。

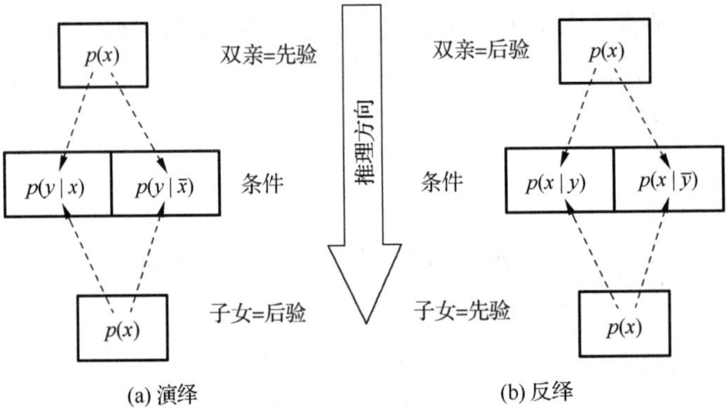

图 2.10　演绎和反绎

因果（causal）和派生（derivative）推理的发现对于具有明确因果条件的关系具有重要意义。假定先验引发后验，则因果推理等价于反绎推理，派生推理等价于演绎推理。

在条件推理中双亲和孩子框架可以包含任意多个不相交的结构。令 $X=\{x_i \mid i=1,\cdots,k\}$ 为基数为 k 的双亲框架，$Y=\{y_i \mid i=1,\cdots,l\}$ 为基数为 l 的孩子框架。X 与 Y 的演绎条件关系表示为具有矢量 k 并且度为 l 的条件 $p(Y \mid x_i)$。

矢量条件 $\boldsymbol{p}(Y \mid x_i)$ 将每个结构 x_i 与框架 Y 关联起来，$\boldsymbol{p}(Y \mid x_i)$ 中的元为标量条件，表示为

$$p(y_j \mid x_i), \qquad \sum_{j=1}^{l} p(y_j \mid x_i)=1 \tag{2.42}$$

从 X 到 Y 的多项式条件演绎的概率表示为由式（2.38）推广得到的 Y 上的矢量 $\boldsymbol{p}(Y \| X)$。其中

$$p(y_j \| X)=\sum_{i=1}^{k} p(x_i) p(y_j \mid x_i) \tag{2.43}$$

反向条件的多项概率表示由式（2.40）推广得到，即

$$p(y_j \mid x_i) = \frac{a(y_j)p(x_i \mid y_j)}{\sum_{t=1}^{l} a(y_t)p(x_i \mid y_t)} \tag{2.44}$$

式中，$a(y_j)$ 表示 y_j 的基率。

用式（2.44）的反向多项条件代换式（2.43）的条件，得到概率反绎表示：

$$p(y_j \bar{\|} X) = \sum_{i=1}^{k} p(x_i) \frac{a(y_j)p(x_i \mid y_j)}{\sum_{t=1}^{l} a(y_t)p(x_i \mid y_t)} \tag{2.45}$$

主观逻辑反绎需要将形式为 $\omega_{X|y_i}$ 的条件观念转化为形式为 $\omega_{Y|x_i}$ 的条件观念。概率条件的转化可利用式（2.44）的概率除运算完成。然而，多项观念的除运算却很难处理，因为其中含有矩阵和矢量的表示。以不确定极大化观念的形式定义倒置的条件观念。基率观念很自然地用空虚的观念来替代，从而概率期望值仅由基率向量 $\boldsymbol{a}$ 定义。

令 $|X| = k$，$|Y| = 1$，假定可用条件的集合为

$$\omega_{X|Y}：\{\omega_{X|y_j} \mid j = 1, \cdots, l\}$$

进一步假定分析所需的条件的集合为

$$\omega_{Y|X}：\{\omega_{Y|x_i} \mid i = 1, \cdots, k\}$$

首先，利用式（2.44）计算每个倒置条件观念 $\omega_{Y|x_i}$ 的 l 个不同的概率期望值：

$$E(y_j \mid x_i) = \frac{a(y_j)E(\omega_{X|y_j}(x_i))}{\sum_{t=1}^{l} a(y_t)E(\omega_{X|y_t}(x_i))} \tag{2.46}$$

式中，$a(y_j)$ 表示 y_j 的基率，一致性要求：

$$E(\omega_{Y|x_i}(y_j)) = E(y_j \mid x_i) \tag{2.47}$$

$E(y_j \mid x_i)$ 满足式（2.47）最简单的观念为 k 个武断的观念：

$$\underline{\omega}_{Y|x_i}：\begin{cases} b_{Y|x_i}(y_j) = E(y_j \mid x_i), j = 1, \cdots, l \\ u_{Y|x_i} = 0 \\ \boldsymbol{a}_{Y|x_i} = \boldsymbol{a}_Y \end{cases} \tag{2.48}$$

根据式（2.47）保留概率期望值一致性的同时，$\underline{\omega}_{Y|x_i}$ 的极大化不确定包括尽可能多地将信任 mass 转化为不确定性 mass。

2.2 本章小结

本章主要介绍了主观逻辑的基本概念、观念空间、事实空间、观念空间和事实空间的映射算子、信任传递算子等，在对 Jøsang 主观逻辑理论进行研究时，不难发现存在以下问题。

（1）经过对多个具体算例的统计分析，我们发现在对实体属性进行动态信任评价时，要实时地选取最合适的经验值，即在同一个辨识框架 X 下，基率 a 应该随着时空的变迁动态地改变。类似地，发现在对实体某一属性进行信任评价时，要实时地调整交互经验和行为观察之间的关系，这种调节便直接体现在不确定因子 C 的确定上。

（2）Jøsang 主观逻辑理论中，融合算子用来融合多个代理的观点，但是研究发现，其融合算子在证据高冲突情况下会产生不合理结果等问题。

（3）Jøsang 主观逻辑理论中，证据映射算子用来完成证据空间向观念空间的转换，然而，Jøsang 并未考虑证据的时间因素对观点的影响。

（4）Jøsang 主观逻辑理论中，折扣算子用来计算信任传递过程中信任的衰减，然而，该算子存在以下问题。

① 信任传递中，随着信任链深度的增加，信任的折扣速度过快，得到的结果往往与实际情况不符。

② 当网络节点较多，信任链的长度较大时，其计算复杂度随之增大，将很难保证实用性。

这些问题使得 Jøsang 主观逻辑理论在实际应用中受到局限，因此，在第 3 章对主观逻辑进行了扩展与改进，增强其在信任建模中的动态性和准确性。

参考文献

[1] Jøsang A. A logic for uncertain probabilities. International Journal of Uncertainty, Fuzziness and Knowledge-Based Systems, 2001: 1-31.

[2] Jøsang A, Hayward R, Pope S. Trust network analysis with subjective logic. 29th Australasian Computer Science Conference, 2006: 48.

[3] Jøsang A. Artificial reasoning with subjective logic// Proceedings of the Second Australian Workshop on Commonsense Reasoning, 1997: 34.

[4] Jøsang A. Conditional reasoning with subjective logic. Journal of Multiple-Valued Logic and Soft Computing, 2008, 15(1): 5-38.

[5] Jøsang A, Quattrociocchi W. Advanced features in bayesian reputation systems. Computer Science, 2009, 5695(1): 105-114.

[6] Jøsang A, Diaz J, Rifqi M. Cumulative and averaging fusion of beliefs . Information Fusion, 2010,

11(2): 192-200.

[7] Jøsang A, Elouedi Z. Redefining material implication with subjective logic. The 14th International Conference on Information Fusion (FUSION 2011), 2011: 1-6.

[8] Jøsang A, Gray E, Kinateder M. Simplification and analysis of transitive trust networks. Web Intelligence and Agent Systems, 2006, 4(2): 139-161.

[9] Jøsang A, Bhuiyan T. Optimal trust networks analysis with subjective logic. The Second International Conference on Emerging Security Information, Systems and Technologies, 2008: 179-184.

[10] 周晨光. 基于主观逻辑的 WSN 信任管理研究[硕士学位论文]. 大连: 辽宁师范大学, 2011.

第 3 章　Jøsang 主观逻辑扩展

Jøsang[1]利用主观逻辑进行信任网络分析，它为信任的传递关系提供了一种简单的表达方式，并提供了一种简化网络的方法，这样就可以准确地计算和分析信任网络，然而，其折扣算子在信任传递过程中存在信任下降过快的问题。

文献[2]对主观逻辑理论做了多项式的扩展，提出了四种不同但等价的主观观点表达。它使得我们能够从不同角度来看不确定概率，能够最自然地表达一个具体的现实世界的情况。

文献[3]将条件推理从二项扩展到多项观点，使得其能够在任意大小的辨识框架上表达条件和证据观点，使得主观逻辑在引入已知和未知信息条件推理情况下为一个强大的工具，改进和完善了主观逻辑，但其给出的多项式融合算子在融合三个以上观点时，仍然不满足交换率和结合律，导致融合结果不唯一。

文献[4]提出了累积融合算子和平均融合算子，改进原有主观逻辑，而上述问题依然存在。

文献[5]利用主观逻辑对条件到结果的映射进行了扩展与新的定义。

此外，Nir 等[6]提出了基于框架论据的主观逻辑证据推理，通过论据的增长和证据的扩充，不断将系统简化。

Venkat 等[7]为主观逻辑增加运算符用于处理移动节点之间的信任关系的不可知性，从而更好地保障了移动自组网的安全性。

Huang 等[8]提出了时间相关的信任，扩展了主观逻辑。

苏锦钿等[9]为增强主观逻辑理论的灵活性及扩展性，利用 D-S 证据理论和信任结构，提出了基于三项事件的扩展主观逻辑。再次定义了观念空间与事实空间的映射函数，设计了扩展主观逻辑的粗化、细化映射规则。根据实际环境的需要，其扩展主观逻辑能够提供不同详细程度的识别框架，利用这些映射在扩展主观逻辑的基础上，整合了信任函数。其结果仍可重新映射到原有识别框架中。

杨茂云等[10]针对模型无法惩罚恶意行为的问题，设计出一种证据数据预处理算法，该算法能使信任随负面证据的增加呈几何级数减少，可以较好地惩罚恶意行为。

付江柳等[11]针对已有信任模型中，信任搜索算法不能较好地对信任进行搜索和融合，通过主观逻辑理论对信任进行定量处理和计算，设计了基于主观逻辑的信任搜索算法。

Wang 等[12]指出融合算子在某些情况下，存在不合理的地方，并对融合算子进行了修改，但没有考虑三元组需要满足概率可加性即三元组的和必须等于 1，其修改后的融合算子不满足该性质。

Zhou 等[13]指出 Jøsang 的折扣算子，在运算时增加了不确定性，也指出融合算子存在问题并提出以权重的方式进行了改进。在计算信任量 b 时，进行了折扣，相对不确定性有略微增加。文献[12]、[13]改进后的融合算子对多个观点进行融合时，不满足交换率和结合律，这限制了其在实际中的应用。

研究发现，Jøsang 模型具有以下的局限性。

（1）主观信任度中没有考虑先验概率（基率）的可变性，而主观信任是建立在有时间过程的经历或经验之上的；在式（2.16）中，$a_{X_j}^i$ 是实体 X_j 的先验概率，也称为基率，表示一种过去的经验。Jøsang 认为基率是对某一实体的信任评价的先验概率，可以设置为 0.5 或者是评价者认为最有可能的常量。原主观逻辑中没有考虑先验概率（基率）的可变性这一问题，这使得主观逻辑在应用到动态变化的环境时，导致结果的不精确，因此，在 3.1.1 节对其进行了动态化改进。

（2）证据映射函数中，不确定因子 C 是一个常量，在式（2.15）中，C 取值固定为 2；事实上，由于所评价对象及其所处环境的动态性、复杂性，它不可能也不应该是固定不变的；Jøsang 的主观逻辑中把不确定因子 C 看成一个常量，即在任何一个具体的应用中总是取值为 2，这显然是不科学的。为此，在 3.1.2 节对其进行了动态化改进。

（3）Jøsang 定义了观点之间的一些操作算子，但是这些算子在实际应用中可能出现不合理的情况，如表 3.1 所示，Wang 等对融合算子进行了改进，其改进后的新算子不满足概率可加性，即 $b+d+u=1$，尤其对三元组中 u 的设计不合理。

表 3.1　主观逻辑融合算子可能出现的不合理情况

	A_1	$A_2 \sim A_4$	主观逻辑融合结果
b	0.9	0	0.9
d	0.1	0.9	0.1
u	0	0.1	0

先看一个例子，4 名医生（$A_1 \sim A_4$）会诊 1 名病人，病人不是患有脑膜炎（M）就是患有脑震荡（C），由此构成的观点空间为 $\theta=\{M, C\}$。经过医生 A_1 的诊断，他的结论是：这个病人有较大的可能得脑膜炎；另外的 3 名医生诊断的结果却是这个病人有很大的可能性患有脑震荡。他们的诊断结果用主观逻辑表示并进行融合，其结果如表 3.1 所示。

从表 3.1 中可以看出，医生 A_1 与 $A_2 \sim A_4$ 的诊断结果有很大的出入。利用主观逻辑融合算子的计算结果与医生 A_1 的结果较为一致，而与另外的 3 名医生的结果相矛盾，这不符合常理。因此，我们对该算子进行了改进，详见 3.1.5 节。

综上所述，尽管 Jøsang 的主观逻辑理论在信任建模方面有其独特优势，但无论其理论本身还是应用都存在局限性。为此，本章改进和扩展 Jøsang 的主观逻辑理论，增强该理论适应动态变化的客观环境的能力，使之能够更好地进行信任建模。

3.1　主观逻辑算子的改进

3.1.1　基率 *a* 的动态化

设计了三种基率 a 的动态化方案，下面将详细介绍。

1. 方案一

基率 a 的含义是对某一实体的信任评价的先验概率。在实际情况下，基率应该会随着时间的增长动态地改变，为一个新的时间段指定一个合理的基率是非常重要的。初始时，可以设置 a 为 0.5 或者是其他你认为最有可能的值，然后 a 可以根据以下公式得到：

$$a_{X_i^k} = \lambda \mathrm{ob}_{X_i^k} + (1-\lambda)a'_{X_i^k} \tag{3.1}$$

式中，$\mathrm{ob}_{X_i^k}$ 是观察率，$a'_{X_i^k}$ 是先前的基率，λ 是调节因子，用来调节 $\mathrm{ob}_{X_i^k}$ 和 $a_{X_i^k}$ 的权重，其取值范围是 $[0,1]$。

λ 可表示为

$$\lambda = R_a^{-C_{X_i^k}} \tag{3.2}$$

式中，R_a 是调节因子，其取值范围是 $[1,+\infty)$，$a'_{X_i^k}$ 越重要，R_a 越大，$C_{X_i^k}$ 是不确定因子。

2. 方案二

在同一个辨识框架 X 下，基率 a 会随着时空的变迁动态地改变，考虑前 N 个基率 a_i（$i=1,2,\cdots,N$），对 N+1 次基率的影响，应该是在时间轴上距离 a_{i+1} 越近的 a_j 对其的影响越大。图 3.1 是根据观察周期（$t_0,\cdots,t_{N+1}$）表示距离的示意图，a_1 距离第 N+1 次观察 a_{i+1} 最远，影响也就最小，前 N 个基率对 a_{i+1} 的影响随之增加。在不同的环境、不同的框架下，根据实际情况可以设计不同的函数，如图 3.2 所示。

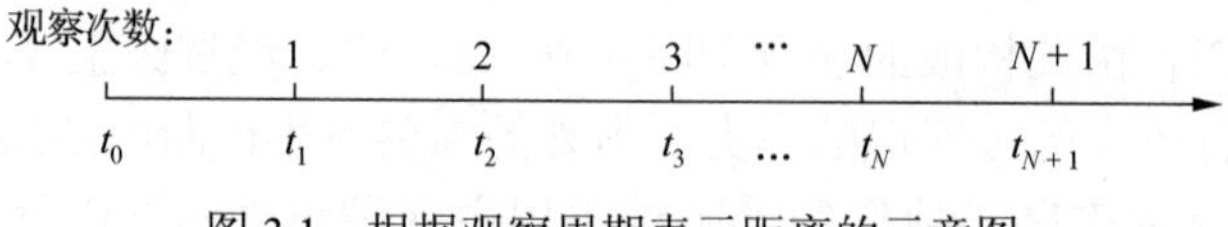

图 3.1　根据观察周期表示距离的示意图

Line1 可以理解为早期的观察对当前基率 a_{i+1} 的影响较小，而近期的观察影响较大，对实时性要求不高的系统就可适用，如品牌信誉值。

Line2 可以理解为影响呈现线性变化，随着时间的推移，影响不断增大，近期的观察对当前基率 a_{i+1} 的影响较大，一般系统均可适用。

Line3 即近期的观察会对当前基率的影响非常大，适用于对实时性要求非常高的系统，如安全防御系统。

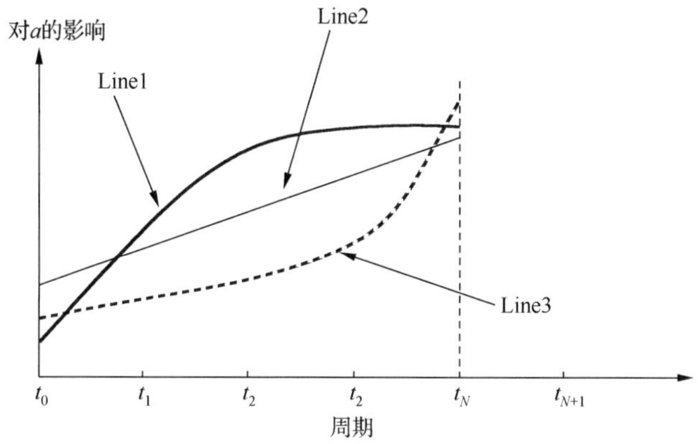

图 3.2　前 N 周期的基率 a 对第 N 周期的基率 a 影响示意图

这里设计了线性函数 fun1 或非线性函数 fun2，另外，还可以对前 N 个 ω 进行融合运算，融合值 $\omega_{X_j^k}^N=\omega_{X_j^k}^1\oplus\omega_{X_j^k}^2\oplus\cdots\oplus\omega_{X_j^k}^N$，以其概率期望作为 a_{i+1}，见函数 fun3。

fun1：

$$a_{i+1}=\sum_{i=1}^{N}(b_i+u_ia_i)\times i\Big/\sum_{i=1}^{N}N \tag{3.3}$$

fun2：

$$a_{i+1}=\sum_{i=1}^{N}(b_i+u_ia_i)\mathrm{e}^{5[(i-1)T-t]/NT}\ /\ N \tag{3.4}$$

fun3：

$$a_{i+1}=E_{X_j^k}^N=b_{X_j^k}^N+a_{X_j^k}^N\times u_{X_j^k}^N \tag{3.5}$$

3. 方案三

基率会随着时空的变迁动态地改变，对 $a_{X_j^k}^{i+1}$ 的确定就是如何通过样本观测，对基率 $a_{X_j^k}^i$ 进行修正。

设目前观测结果为：肯定事件数 $r_{X_j^k}^{i+1}$，否定事件数为 $s_{X_j^k}^{i+1}$。

记 A_1、A_2、A_3 分别为在第 i 个周期对 X_j^k 信任、不信任、不确定，则

$$\begin{aligned}
b_{X_j^k}^i&=P(A_1)=r_{X_j^k}^i\Big/\left(r_{X_j^k}^i+s_{X_j^k}^i+c_{X_j^k}^i\right)\\
d_{X_j^k}^i&=P(A_2)=s_{X_j^k}^i\Big/\left(r_{X_j^k}^i+s_{X_j^k}^i+c_{X_j^k}^i\right)\\
u_{X_j^k}^i&=P(A_3)=c_{X_j^k}^i\Big/\left(r_{X_j^k}^i+s_{X_j^k}^i+c_{X_j^k}^i\right)
\end{aligned} \tag{3.6}$$

记 B 为观察结果“信任”，则

$$\mathrm{ob}_{X_j^k}^{i+1}=P(B)=r_{X_j^k}^{i+1}\Big/\left(r_{X_j^k}^{i+1}+s_{X_j^k}^{i+1}\right) \tag{3.7}$$

令 $P(B\,|\,A_1)=1$，$P(B\,|\,A_2)=0$，$P(B\,|\,A_3)=a_{X_j^k}^{i+1}$，则由全概率公式，得 $P(B)=$

$\sum_{i=1}^{3} P(A_i)P(B|A_i)$，即

$$\begin{aligned}\mathrm{ob}_{X_j^k}^{i+1} &= r_{X_j^k}^{i+1} \Big/ \left(r_{X_j^k}^{i+1} + s_{X_j^k}^{i+1}\right) \\ &= r_{X_j^k}^{i} \Big/ \left(r_{X_j^k}^{i} + s_{X_j^k}^{i} + c_{X_j^k}^{i}\right) \times 1 + s_{X_j^k}^{i} \Big/ \left(r_{X_j^k}^{i} + s_{X_j^k}^{i} + c_{X_j^k}^{i}\right) \times 0 \\ &\quad + r_{X_j^k}^{i} \Big/ \left(r_{X_j^k}^{i} + s_{X_j^k}^{i} + c_{X_j^k}^{i}\right) \times a_{i+1}\end{aligned} \tag{3.8}$$

由此可得

$$\mathrm{ob}_{X_j^k}^{i+1} = b_{X_j^k}^{i} + u_{X_j^k}^{i} \times a_{X_j^k}^{i+1},\quad a_{X_j^k}^{i+1} = \left(\mathrm{ob}_{X_j^k}^{i+1} - b_{X_j^k}^{i}\right) \Big/ u_{X_j^k}^{i} \tag{3.9}$$

$a_{X_j^k}^{i+1} \in [0,1]$，当对 X_j^k 的观察发生剧烈变化（$r_{X_j^k}^{i+1}$ 激增或骤减）时，可能会导致 $a_{X_j^k}^{i+1}$ 取值超界，故得

$$a_{X_j^k}^{i+1} = \begin{cases} 0, & \mathrm{ob}_{X_j^k}^{i+1} \leqslant b_{X_j^k}^{i} \\ \min\left(1, \left(\mathrm{ob}_{X_j^k}^{i+1} - b_{X_j^k}^{i}\right) \Big/ u_{X_j^k}^{i}\right), & \mathrm{ob}_{X_j^k}^{i+1} > b_{X_j^k}^{i} \end{cases} \tag{3.10}$$

3.1.2　不确定因子 C 的动态化

这里设计了四种不确定因子 C 的动态化方案，下面将详细介绍。

1．方案一

C 应该随着问题规模（多项式观点中的基数）k 的增大而增大，但随证据的增多而减少，并且随观察次数 N，或随时间 t 的增大而减少。因此，可根据实际情况设计线性函数与非线性函数，如 fun4 和 fun5。fun4 中 v 为调节系数，其作用是调节 C 的下降速度。

（1）fun4

$$C(N,k) = vk / N,\quad 0 < v < 1 \tag{3.11}$$

（2）fun5

$$C_{i+1} = k\mathrm{e}^{-N} \tag{3.12}$$

2．方案二

C 值的含义是观察者对实体 X_j 的某一属性 X_j^k 在某一观察周期的观察中不确定因素的度量因子，其主要作用是调节 a 和 ob（$\mathrm{ob}_{X_j^k} = r/(r+s)$）的权重，$C$ 还有一个非常重要的属性：E 越接近于 a，C 越大；E 越接近于 ob，C 越小。显然 C 固定为 2 是不合适的。根据 C 的含义，采用信息熵理论来解析是较为合理的。

令 $P_1 = r_{X_j^k}^{i} \Big/ \left(r_{X_j^k}^{i} + s_{X_j^k}^{i}\right)$，$P_2 = s_{X_j^k}^{i} \Big/ \left(r_{X_j^k}^{i} + s_{X_j^k}^{i}\right)$，则 V_i 的信息熵为

$$H(V_i) = -\sum_{i=1}^{2} P_i \log_2 P_i \tag{3.13}$$

由于 $H(V_i)$ 是随 P_1 从 0～1 变化的曲线，它反映了观察样本集合分类的不确定性，熵值越大，不确定性越高。因此可根据每个周期的观测值 $r^i_{X^k_j}$ 和 $s^i_{X^k_j}$ 来确定不确定因子 $C^i_{X^k_j}$。为此构造一个随 $H(V_i)$ 变化的单调增映射，实现由 $H(V_i)$ 到 $C^i_{X^k_j}$ 的变换，即[0,1]→$\left[0, r^i_{X^k_j} + s^i_{X^k_j}\right]$，这里可选取 $H(V_i)$ 的线性函数：

$$C^i_{X^k_j} = \left(r^i_{X^k_j} + s^i_{X^k_j}\right) H(V_i) \tag{3.14}$$

3. 方案三

根据 Jøsang 证据空间映射观念空间的理论，分别定义了正事件数和负事件数，而不确定因子 C 应该是观察周期前的不确定事件数（即在未进行该周期观察时的不确定事件数），而这种不确定性产生反应在证据上的表现为不同周期间正事件数的变化，它与以前的观察证据有着密切的关系，因此我们根据不同的观察周期，给出动态变化的不确定因子 C 的定义。

假设 m 个观察周期，每个观察周期有相同的证据数为 ALL，第 i 个观察周期的正事件数为 R_i。MAX_i，MIN_i 分别表示前 i 个周期的正事件数的最大值和最小值，则

$$\begin{cases} C_1 = \text{ALL} \\ C_i = \text{MAX}_i - \text{MIN}_i, \quad 2 \leqslant i \leqslant m \end{cases} \tag{3.15}$$

下面分别给出两组不同的三个周期的观察数据见表 3.2 和表 3.3，通过分析比较来更加透彻地说明 C 的设计思想。

表 3.2　第一组观察数据

观察周期 \ 证据数	正事件数 r	负事件数 s	不确定事件数 C
1	30	70	100
2	40	60	10
3	20	80	20

表 3.3　第二组观察数据

观察周期 \ 证据数	正事件数 r	负事件数 s	不确定事件数 C
1	30	70	100
2	32	68	2
3	28	72	4

第一组、第二组数据中的第 1 个观察周期，具有相同的正事件数和负事件数，因此，C 也相同，而到了第 2 个观察周期，我们发现第一组正事件数的变化较大，即从

30 变化为 40，而第二组正事件数的变化较小，即从 30 变化为 32，这种变化在一定程度上反映了不确定性的变化，即正事件数的变化越大，不确定事件数的变化也越大，那么根据式（3.15），可以得到动态变化的 C。

4. 方案四

C 值的含义是观察者对实体 X_i 的某一属性 X_i^k 在某次观察中不确定因素的度量因子，其主要作用是调节基率和观察率的权重。C 有一个非常重要的属性：期望越接近于基率，C 越大；期望越接近于观察率，C 越小。因此，C 便可动态表示为

$$C_{X_i^k}=\frac{R_C T_C}{r_{X_i^k}+s_{X_i^k}} \tag{3.16}$$

式中，R_C 是调节因子，取值范围是 $[0,+\infty)$，它与软件运行环境有关，$r_{X_i^k}+s_{X_i^k}$ 表示软件的检测次数，T_C 表示软件按周期量化后的运行时间。

令 t_1 表示软件运行的结束时间，t_0 表示软件运行的开始，T 表示时间周期，则 T_C 可表示为

$$T_C=\frac{t_1-t_0}{T} \tag{3.17}$$

3.1.3　直角坐标系

根据 Jøsang 定义的三角形图形，建立直角坐标系，如图 3.3 所示。

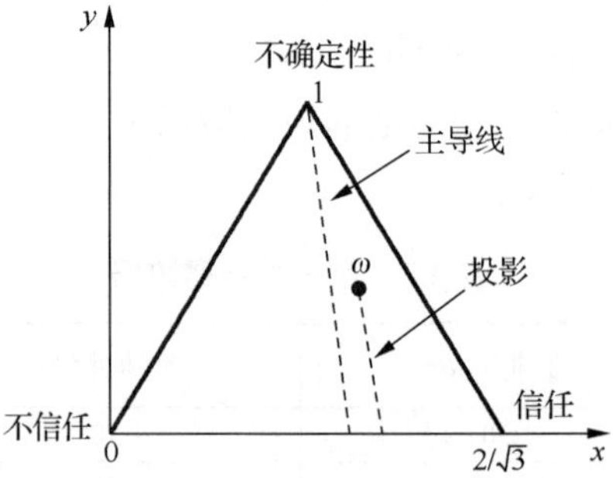

图 3.3　直角坐标系

这里给出投影（Projector）和导线（Director）的方程以及 ω 的坐标。

（1）Projector，其表达式为

$$y=2/(1-2a)[x-(b+ua)] \tag{3.18}$$

（2）Director，其表达式为

$$y=2/(1-2a)(x-a) \tag{3.19}$$

（3）ω 的坐标为

$$(b+u/2,u)$$

主观逻辑主要用于对观点的信任质量分配，而信任会随着时空环境的变化而改

变，脱离时间而讨论信任是没有意义的，因此，在二维坐标系的基础上增加了时间维度，通过对观点进行周期性观测，建立观点 ω 在三维下的坐标系，见图 3.4。

（1）W_x 轴表示信任值 b，W_y 轴表示不确定值 u，T 表示时间轴观察周期。

（2）根据 ω 的坐标，可以得到三个观察周期的 ω 值：$\omega^3_{X^k_j}$、$\omega^5_{X^k_j}$ 和 $\omega^9_{X^k_j}$，再根据式（2.16），可以得到 $E^3_{X^k_j}$、$E^5_{X^k_j}$ 和 $E^9_{X^k_j}$。

（3）根据 $\omega_{X^k_j}=\omega^3_{X^k_j}\oplus\omega^5_{X^k_j}\oplus\omega^9_{X^k_j}$，可以得到 $\omega_{X^k_j}$，而且 $E_{X^k_j}$ 一定位于 $\omega^3_{X^k_j}$、$\omega^5_{X^k_j}$ 和 $\omega^9_{X^k_j}$ 之间。

（4）$\omega^3_{X^k_j}$、$\omega^5_{X^k_j}$ 和 $\omega^9_{X^k_j}$ 的变化一定会导致 $\omega_{X^k_j}$ 的变化，从而 $E_{X^k_j}$ 也会发生相应变化。

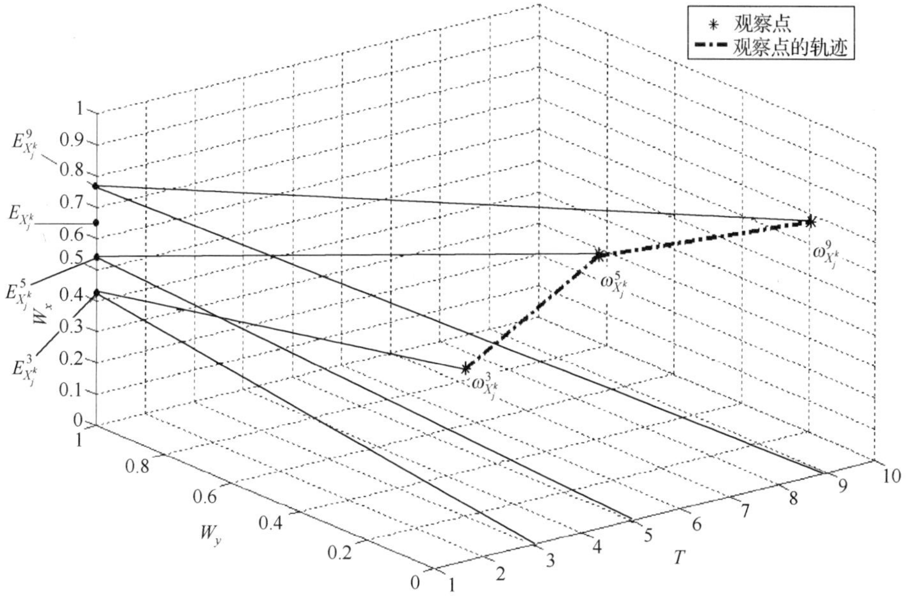

图 3.4　三维直角坐标系

3.1.4　改进的映射算子

如前面所述，主观逻辑在证据空间向观念空间映射时，并未考虑证据的时间因素，而时间是影响信任的一个重要因素。基于经济学理论的研究表明，在计算当前声誉时，对历史的评价进行衰减，可以使声誉收敛到稳定状态。因此，我们对原有的映射算子进行了改进。具体的方法是对于式（2.15）中每一个证据，需要增加时效系数 k_i，k_i 的计算公式为

$$k_i=1-(t_c-t_i)/T \tag{3.20}$$

式中，t_c 表示当前的时间，t_i 表示评价 i 发生的时间，T 为一个考察周期（如一年、一个月等）。例如，统计 T 天的交易情况（$T=365$），假设评价 i 发生的时间是 $t_i(t_i=2013\text{-}6\text{-}12)$，当前的时间是 $t_c(t_c=2013\text{-}10\text{-}20)$，则 $k_i=1-129/365=0.65$。

类似地，分别定义 k_i^+ 、k_i^- 、k_i^u 为肯定、否定和不确定事件的时效系数。那么，根据主观逻辑公式（2.15），改进的映射算子为

$$\begin{cases} b_j^i = \sum k_i^+ \Big/ \left(\sum k_i^+ + \sum k_i^- + \sum k_i^u\right) \\ d_j^i = \sum k_i^- \Big/ \left(\sum k_i^+ + \sum k_i^- + \sum k_i^u\right) \\ u_j^i = \sum k_i^u \Big/ \left(\sum k_i^+ + \sum k_i^- + \sum k_i^u\right) \end{cases} \tag{3.21}$$

可以验证改进后的映射算子满足概率可加性的同时，增加了时间对信任的影响，使得从证据空间向观点空间的映射计算结果更为准确。另外，在不考虑时间因素的时候，新的映射算子中时效系数 k_i 取值为 1，退化为原有的算子。

3.1.5　改进融合算子

$\omega_x^A = \{b_x^A, d_x^A, u_x^A, a_x^A\}$ ， $\omega_x^B = \{b_x^B, d_x^B, u_x^B, a_x^B\}$ 是代理 A 与 B 对同一个命题 x 各自的观点，设 $\omega_x^{A,B} = \{b_x^{A,B}, d_x^{A,B}, u_x^{A,B}, a_x^{A,B}\}$ 表示融合观点，则

$$\begin{cases} b_x^{A,B} = \left(W_A b_x^A + W_B b_x^B\right) \Big/ \left(W_A + W_B\right) \\ d_x^{A,B} = \left(W_A d_x^A + W_B d_x^B\right) \Big/ \left(W_A + W_B\right) \\ u_x^{A,B} = \left(W_A u_x^A + W_B u_x^B\right) \Big/ \left(W_A + W_B\right) \\ a_x^{A,B} = \left(W_A a_x^A + W_B a_x^B\right) \Big/ \left(W_A + W_B\right) \end{cases} \tag{3.22}$$

式中，W_A 和 W_B 是代理 A 和 B 各自的权重，$W_A, W_B \in (0,1)$ ，$\omega_x^{A,B}$ 为 ω_x^A 和 ω_x^B 融合值，表示虚构的代理[A, B]对 x 的观点。用符号 $\oplus$ 表示这个操作，定义 $\omega_x^{A,B} = \omega_x^A \oplus \omega_x^B$ 。

Jøsang 主观逻辑中的平均融合算子不满足结合律，并且随着观点的增大，计算量也有大幅增长。这里给出多个观点的融合算法，为实现算子满足结合律，定义"融合权重"在分步融合计算时的计算方法，例如，$\omega_x^{A,B} = \omega_x^A \oplus \omega_x^B$ ，$\omega_x^{A,B}$ 的融合权重为 $W_{A,B} = W_A + W_B$ 。

假设有第 i 个观察者的观点为 $\omega_x^i = \{b_x^i, d_x^i, u_x^i, a_x^i\}$ ，$i \in [2, N]$ ，N 个观点进行融合运算，则其表达式为

$$\begin{cases} b_x^N = \left(\sum_{i=1}^N W_i b_x^i\right) \Big/ \sum_{i=1}^N W_i \\ d_x^N = \left(\sum_{i=1}^N W_i d_x^i\right) \Big/ \sum_{i=1}^N W_i \\ u_x^N = \left(\sum_{i=1}^N W_i u_x^i\right) \Big/ \sum_{i=1}^N W_i = 1 - b_x^N - d_x^N \\ a_x^N = \left(\sum_{i=1}^N W_i a_x^i)\right) \Big/ \sum_{i=1}^N W_i \end{cases} \tag{3.23}$$

通过研究上述融合算子发现，当两个观察者对同一观点ω持有完全相同的观察值时，经过新融合算子的计算，观察值完全没有改变。按直觉来看，应该有累积效果的体现，这一累积效果在新融合计算过程中，表现在计算前和计算后的观察值的融合权重的变化，对于完全相同的观察值，融合权重体现了累积效果。因此，将融合权重扩展到ω中，表示为 5 元组：$\omega_x = \{b_x, d_x, u_x, a_x, W_x\}$。

1）交换律

由于设计新的融合算子的对称性，可以很容易地证明满足交换率，这里证明略。

2）结合律

证明 不失一般性，以三个观点融合为例，$\omega_x^A = \{b_x^A, d_x^A, u_x^A, a_x^A, W_x^A\}$，$\omega_x^B = \{b_x^B, d_x^B, u_x^B, a_x^B, W_x^B\}$和$\omega_x^C = \{b_x^C, d_x^C, u_x^C, a_x^C, W_x^C\}$分别是代理 A，B，C 对 x 的观点。证明结合律只需要证明下式成立，这里计算 b 为例。

$$\omega_x^N = \omega_x^A \oplus \omega_x^B \oplus \omega_x^C = \left(\omega_x^A \oplus \omega_x^B\right) \oplus \omega_x^C = \omega_x^A \oplus \left(\omega_x^B \oplus \omega_x^C\right)$$

$$b_x^N = \left(\sum_{i=1}^{N} W_i b_x^i\right) \Big/ \sum_{i=1}^{N} W_i$$

$$b_x^{A,B} = \left(W_A b_x^A + W_B b_x^B\right) \big/ (W_A + W_B)$$

$$W_{A,B} = W_A + W_B$$

$$\begin{aligned} b_x^{A,B} \oplus b_x^C &= \left(W_{A,B} b_x^{A,B} + W_C b_x^C\right) / (W_{A,B} + W_C) \\ &= \left(W_A b_x^A + W_B b_x^B + W_C b_x^C\right) / (W_A + W_B + W_C) \\ &= \left(\sum_{i=1}^{N} W_i b_x^i\right) \Big/ \sum_{i=1}^{N} W_i = b_x^N \end{aligned}$$

$$W_{B,C} = W_B + W_C$$

$$\begin{aligned} b_x^A \oplus b_x^{B,C} &= \left(W_A b_x^A + W_{B,C} b_x^{B,C}\right) / (W_A + W_{B,C}) \\ &= \left(W_A b_x^A + W_B b_x^B + W_C b_x^C\right) / (W_A + W_B + W_C) \\ &= b_x^{A,B} \oplus b_x^C = b_x^N \end{aligned}$$

证毕。同理可证 a，d，u 均满足结合律。

下面列举两个例子来说明改进的融合算子的合理性。

例 3.1 以四名医生会诊一名病人为例，分别以 A_1 与 A_2～A_4 都具有相同和不同的权重按照新融合算子计算，结果见表 3.4。

表 3.4　在相同和不同权值下新融合算子的主观逻辑值

行数 N	A_1 的权重	A_2 的权重	A_3 的权重	A_4 的权重	主观逻辑值 $\{b,d,u\}$
1	0.8	0.8	0.8	0.8	{0.225, 0.7, 0.075}
2	0.9	0.1	0.1	0.1	{0.6, 0.367, 0.033}
3	0.8	0.9	0.6	0.7	{0.24, 0.687, 0.073}

表 3.4 中第 1 行表示四名医生的权值都相同的情况，从结果来看，通过融合算子计算出的主观逻辑值 d=0.7，表示了以 A_2～A_4 的观点为主，即认为这个病人得脑膜炎的可能性较小，得脑震荡的可能性较大，与人们的直觉相符，符合实际。

表 3.4 中第 2 行是一个比较极端的例子，指当 A_1 医生的权值很高，为领域内权威专家医生，而 A_2～A_4 医生权值很低，为实习医生时，在这种情况下，从结果来看，通过融合算子计算出的主观逻辑值 b=0.6，表示了以权威专家医生 A_1 的观点为主，即认为这个病人得脑膜炎的可能性较大，与人们的直觉相符，也很符合实际情况。

表 3.4 中第 3 行是四名医生的权值差别不大但又各不相同的一般情况，从结果来看，d=0.687，表示了以 A_2～A_4 的观点为主，即在医生的权值差别不大的情况下，符合少数服从多数的原则。

例 3.2　模糊集与可能性理论的创始人 Zadeh 教授曾对 Dempster 组合提出过一个令人困扰的例子：在一起案件中，警方圈定了三名嫌疑人 Peter，Paul 和 Mary。同时，还找到了两名目击证人 W_1 和 W_2。这两名证人被隔离开后，警方对他们分别进行了询问，从而在辨别框架 $\Omega=\{\text{Peter,Paul,Mary}\}$ 上得到两个相互独立的 BBA（Bosic Belief Assignment）。

W_1：$m_1(\{\text{Peter}\})=0.99$，　$m_1(\{\text{Paul}\})=0.01$，　$m_1(\{\text{Mary}\})=0$

W_2：$m_2(\{\text{Peter}\})=0$，　$m_2(\{\text{Paul}\})=0.01$，　$m_2(\{\text{Mary}\})=0.99$

式中，m_1 与 m_2 的定义分别表示两个证人对三人中谁是罪犯的信任程度。

若上述案例中的证人多于两个，则假设包括 W_1，W_2，W_3，W_4 四人，他们分别对谁是罪犯给出如下的 BBA。

W_1：$m_1(\{\text{Peter}\})=0.7$，　$m_1(\{\text{Paul}\})=0.2$，　$m_1(\{\text{Mary}\})=0.1$

W_2：$m_2(\{\text{Peter}\})=0.8$，　$m_2(\{\text{Paul}\})=0.1$，　$m_2(\{\text{Mary}\})=0.1$

W_3：$m_3(\{\text{Peter}\})=0.6$，　$m_3(\{\text{Paul}\})=0.3$，　$m_3(\{\text{Mary}\})=0.1$

W_4：$m_4(\{\text{Peter}\})=0$，　$m_4(\{\text{Paul}\})=0.9$，　$m_4(\{\text{Mary}\})=0.1$

根据 Jøsang 的算法，前三个证人（W_1，W_2，W_3）的观点进行融合运算得到（0.63，0.27，0.1），即认为 Peter 是罪犯，而四个证人观点的融合结果为（0.315，0.585，0.1），即认为 Paul 是罪犯，可以看出 Jøsang 的算法存在“一票否决”问题，在这种情况下，将导致对实际情况的误判。在相同权值的条件下，前三个证人观点的融合结果为（0.7，0.2，0.1），即认为 Peter 是罪犯，四个证人观点的融合结果为（0.525，0.375，0.1），同样认为 Peter 是罪犯，其结果是一致的，不存在“一票否决”问题。

3.1.6 改进折扣算子

Jøsang 的信任折扣和信任聚合（式（2.20）～式（2.25））存在以下问题。

（1）信任传递中，随着信任链深度的增加，信任的折扣速度过快，得到的结果往往与实际情况不符。

（2）当网络节点较多，信任链的长度较大时，其计算复杂度随之增大，将很难保证实用性。

（3）在信任传递过程中易产生 Mass Hysteria 现象。

如图 3.5 所示，Mass Hysteria 现象是指在信任传递过程中，源节点 G 想了解 x，x 的信息仅来自一个节点 A，却有非常多的信任传递路径。

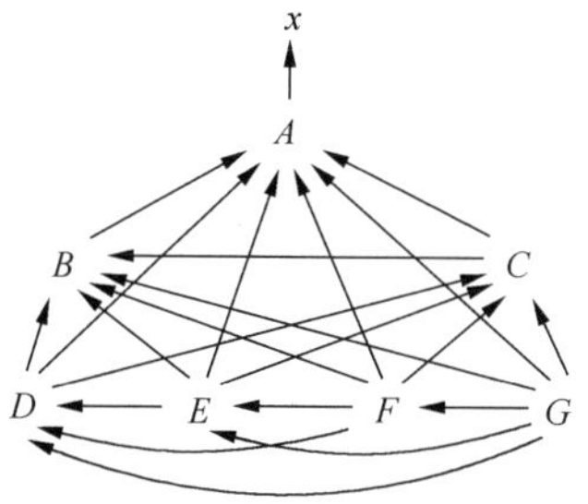

图 3.5　Mass Hysteria 示意图

如果我们不对其进行简化计算，而直接应用原主观逻辑中的折扣算子和融合算子计算 G 对 x 的信任值，这种计算量会呈现几何级的增长，更为重要的是这样计算出来结果未必科学合理。

大多数关于信任网络的研究，网络中节点的类型是唯一的，而电子商务网络中，包括买家和卖家两种不同类型的用户，因此，分别定义买家节点子集和卖家节点子集。买家节点子集中的节点可以认为与以往研究的信任网络节点是相同的类型，买家节点间可以具有双向的信任关系。卖家节点子集中的节点具有其自身的特点，这些节点间没有信任关系，而买家节点对卖节点具有单向信任关系。

为了方便描述，对模型中用到的概念进行如下定义。

定义 3.1（信任网络）　如图 3.6 所示，在电子商务系统中，由所有实体节点 N 以及实体间的信任关系 $R(X, Y)$组成的网络，记为 $G(N,R)$。实体节点由买家节点子集和卖家节点子集构成，记为 $N=\{N_{\text{buyer}},N_{\text{seller}}\}$，其中，$N_{\text{buyer}}=\{N_i\}(i=1,\cdots,n)$ 指所有登记的买家节点构成的集合，$N_{\text{seller}}=\{N_j\}(j=1,\cdots,m)$ 指所有登记的卖家节点构成的集合。信任关系 $R(X,Y)$ 是指节点 X 对节点 Y 存在一个信任观点 ω_Y^X。该观点的期望值定义为 X 对 Y 的信任值，记为 Trust_{XY}，当 $\text{Trust}_{XY}>T_\theta$ 时，称 Y 为 X 的朋友节点，T_θ 可取绝对信任 T_a、一般信任 T 和临界信任 T_0。

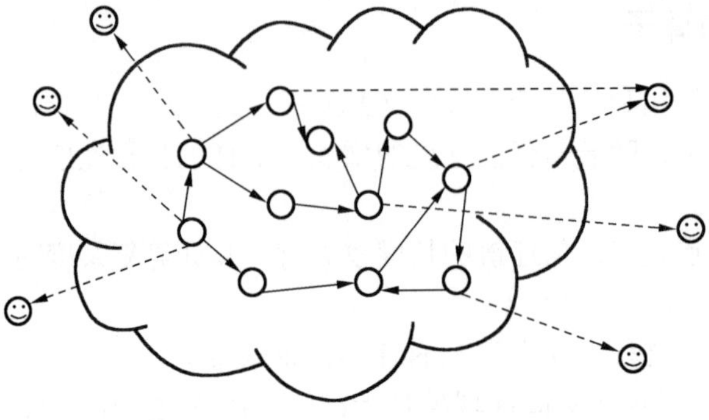

图 3.6　电子商务信任网络示意图

定义 3.2（探寻节点集）　探寻节点集是指某次探寻过程中已被探寻过的节点，记为 S 集。

定义 3.3（信任路径）　信任路径是指从源节点到目标节点经过朋友节点 $A_i(i=1,\cdots,n)$ 形成的有序路径，记为 $L[A_1,\cdots,A_n]$。

定义 3.4（路径信任值）　路径信任值是指信任路径上朋友节点间的最小信任值，记为 $\text{Trust}L[A_1,\cdots,A_n]$。

定义 3.5（最大探寻深度）　最大探寻深度指源节点向目标节点的链路中，链路的最大长度，记为 D。

改进的信任传递的思想：如图 3.7 所示，对于信任链的每一条路径，以这条路径上两个节点间信任的最小值作为该条路径的信任传递值，在 $A\to B\to D\to F$ 这条路径上，B、D 间的信任值 0.85 最小，因此，该条路径上 A 对 F 的信任值 $\text{Trust}L[ABDF]=\min(\text{Trust}_{AB},\text{Trust}_{BD},\text{Trust}_{DF})=0.85$。类似地，另外一条路径上的信任值 $\text{Trust}L[ACEF]=\min(\text{Trust}_{AC},\text{Trust}_{CE},\text{Trust}_{EF})=0.75$。

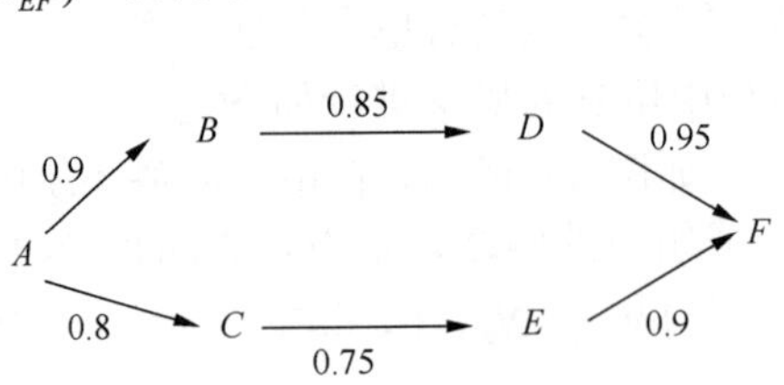

图 3.7　信任推荐路径示意图

信任值以观点的形式表示。假设 n 个朋友节点 $A_i(i=1,\cdots,n)$ 形成一条信任路径，那么就存在 $n-1$ 个观点 $\omega_j(j=1,\cdots,n-1)$。在 Jøsang 主观逻辑中，一个观点的 b 值表示至少可信，d 表示至少不可信，u 表示不确定，因此，在一条信任路径上，对这 $n-1$ 个

观点的 b 值取小，作为路径信任值观点 $\omega^{A_{1:n}}$ 的 b 值是符合主观逻辑的基本思想的。其计算公式为

$$\omega^{A_{1:n}}=\begin{cases}b^{A_{1:n}}=\min(b_j)\\d^{A_{1:n}}=\min(d_j)\\u^{A_{1:n}}=1-b^{A_{1:n}}-d^{A_{1:n}}\end{cases}\tag{3.24}$$

在对多条信任路径值融合计算时，需要先利用式（2.16），计算出观点的期望值作为信任值。

对每条路径信任传递值进行融合，融合方法可以为求和平均。对 N 条路径的信任值进行融合，第 i 条路径的信任值为 $\text{Trust}L_i$，融合各条路径推荐的信任值为 recTrust_j，计算公式为

$$\text{recTrust}_j=\sum_{i=1}^{N}\text{Trust}L_i/N\tag{3.25}$$

3.1.7　主观逻辑动态性仿真实验

为了验证改进的主观逻辑模型的有效性，在 CPU 为 Intel Core2 Duo CPU E7500 2.93GHz，内存 1.98GB，Windows XP 的主机上进行仿真实验。该实验的数据集选自 KDD CUP 99，KDD CUP 99 数据集是 KDD 竞赛在 1999 年举行时采用的数据集。它是由美国国防部高级规划署在林肯实验室进行的一项入侵检测评估项目。林肯实验室建立了一个网络环境，收集了 9 周时间的网络连接和系统审计数据，仿真各种不同的网络流量、各种用户类型和攻击手段，使它像一个真实的网络环境，因此，以此数据为仿真实验数据更具有可信性。

从 corrected 数据的前 65503 条记录中选取 36000～42000 这 6000 条记录作为实验数据，假设每一个观察周期有 600 条记录，那么就有 10 个观察周期，每 600 条记录分别从 6 个观察者得到，即每个观察者提供 100 条记录。为了运用改进的融合算子，假设 6 个观察者的自身的权重值分别为｛0.5，0.9，0.7，0.6，0.8，0.8｝。统计正常事件数见表 3.5，并经过计算 ω 的坐标，得到表 3.6。初始的 a=0.1，利用方程 fun1、fun4，本模型中的 a，C 会随着观察周期性的动态改变，而 Jøsang 的 a 始终是 0.5，C 始终是 2。我们进行了 a，C 静态不变时候的实验，即 a=0.5，C=2，并与 a，C 动态变化时的情况进行比较。

表 3.5　6000 条记录正常事件数统计

周期 正事件数 观察者	1	2	3	4	5	6	7	8	9	10
B1	91	86	91	78	93	88	88	82	0	60
B2	84	86	86	66	88	92	90	90	0	67

续表

周期 / 正事件数 / 观察者	1	2	3	4	5	6	7	8	9	10
B3	92	97	88	88	88	93	87	76	54	48
B4	88	88	75	90	91	82	95	60	73	61
B5	89	91	72	91	90	88	86	3	59	35
B6	94	87	71	92	96	90	86	0	62	0

表 3.6　通过统计记录计算的 ω 的坐标

	本书 a、C 动态变化时，a、C 值以及 ω 的坐标				本书取 a=0.5，C=2 时 ω 的坐标		Jøsang ω 的坐标		文献[13] ω 的坐标	
观察周期数	a	C	b+u/2	u	b+u/2	u	b+u/2	u	b+u/2	u
1	0.5	10	0.8767	0.1268	0.8869	0.0196	0.9065	0.0196	0.8933	0.0332
2	0.82	5	0.8826	0.0664	0.8741	0.0196	0.8792	0.0196	0.8905	0.0332
3	0.866	3.3	0.7965	0.0446	0.7938	0.0196	0.7343	0.0196	0.7987	0.0332
4	0.826	2.5	0.8347	0.0340	0.8315	0.0196	0.8921	0.0196	0.8370	0.0332
5	0.838	2	0.9045	0.0274	0.9005	0.0196	0.9218	0.0196	0.9072	0.0332
6	0.861	1.67	0.8887	0.0229	0.8841	0.0196	0.8792	0.0196	0.8905	0.0332
7	0.869	1.4	0.8823	0.0193	0.8773	0.0196	0.8664	0.0196	0.8836	0.0332
8	0.873	1.25	0.4992	0.0172	0.4968	0.0196	0.1899	0.0196	0.4968	0.0332
9	0.791	1.1	0.4180	0.0152	0.4165	0.0196	0.5808	0.0196	0.4152	0.0332
10	0.715	1	0.4409	0.0138	0.4395	0.0196	0.2386	0.0196	0.4386	0.0332

为了更方便地观察，在三维坐标系下，W_x 轴表示 ω 的横坐标 $b+u/2$，W_y 轴表示 ω 的纵坐标 u，T 表示时间轴观察周期；经过曲线拟合得到本模型和 Jøsang 以及文献[13]观点 ω 在 10 个周期的轨迹见图 3.8。通过图 3.8 可以直观地看到前 7 次的观察周期中，网络状态比较稳定，b 值变化不大，三个模型所体现的 ω 运动轨迹与发展趋势较为一致，而在第 8 次观察中 b 值急剧下降，表明网络状态急剧下降，很有可能正在遭受攻击，这与第 8 次观察周期的 600 条记录所反映的情况是一致的。

然而，当网络状态发生改变时，因为 Jøsang 的图像并没有考虑到前期观察的影响，变化非常巨大，b 值过于敏感，从 0.8664 迅速下降到 0.1899，这与事实是不相符的。在本模型中考虑了 a，C 的动态变化，所以能够较好地体现变化的同时，又不至于过分敏感，能够更加准确地反映网络的实际情况。尤其是在网络情况有较为明显的变化时，例如，第 8 周期，本模型的图像与 Jøsang 的图像是有较大差异的。产生这一差异的原因是在这一观察周期六个观察者所观察到的观点存在高冲突，即 B1 和 B2 观察者与 B5 和 B6 观察者观察到的观点之间存在高冲突。前面分析过 Jøsang 融合算子中存在“一票否决”问题，导致在这一周期的融合观点变化剧烈，不符合实际。

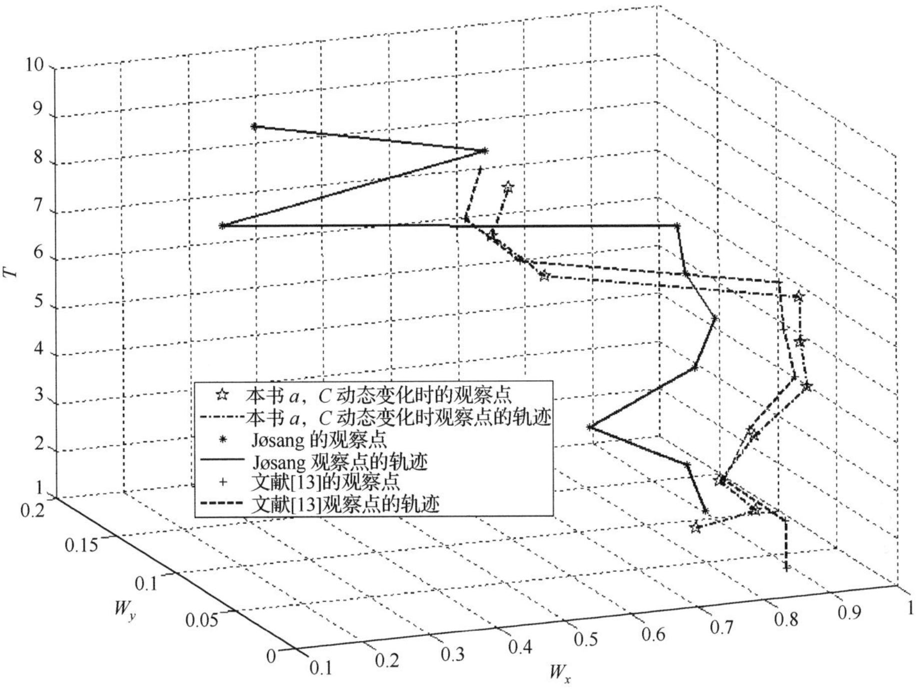

图 3.8　三个方案在十个观察周期 ω 的图像

由于本模型与文献[13]都考虑了观察者权重对观点进行融合运算时的影响，所显示的图形基本相同，然而在计算复杂度上，本模型比文献[13]所提方案要小很多，并且所用的融合算子满足结合率，能够保证在多次观察中，观察者观察数据顺序重排不影响最终结果，保证了融合结果的唯一性。其他两个方案的融合算子并不能满足这一点，而融合结果依赖于观点的融合顺序，融合结果不唯一，这是不符合常理的。

比较了 a，C 不变与动态变化时在十个观察周期 ω 的运动轨迹，a 与 C 的变化值，见表 3.6 与图 3.9，当 a，C 静态不变时，ω 的不确定性是不变的，即 ω 的纵坐标 u 始终不变，信息理论将“信息”与“不确定性的减少”等同起来，香农第一次将热力学中熵的概念引入信息论当中，他认为“信息是人们对事物了解的不确定性的消除或减少”。在实际情况中，随着观察次数的增多，对观察事物的信息也不断增多，不确定性应该逐渐减少。动态变化的 a，C 更加能够体现人们对观察事物的变化，因此，能够更加适应客观情况的变化。

现在，比较动态变化的 a，C 和 Jøsang 的 a，C 始终保持不变这两个方案对观点期望值的影响，见图 3.10。分析发现，在先验概率 a 比较大，且在不确定性比较大的情况下，对观点的期望值的影响比较大，动态变化的 a，C 更能反映出真实的情况；反之，b 值将成为反映观点的期望值的主要因素。

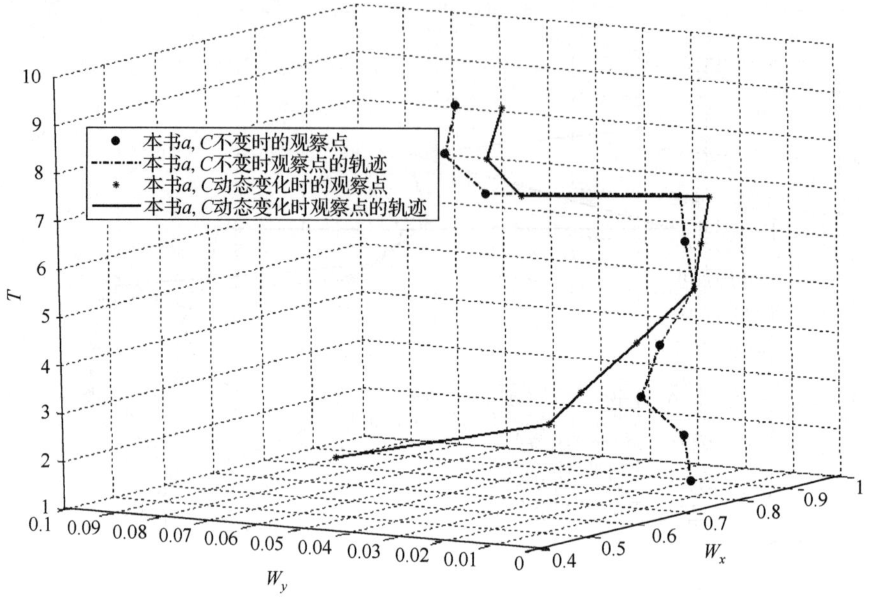

图 3.9　a,C 不变与动态变化时在十个观察周期 ω 的图像

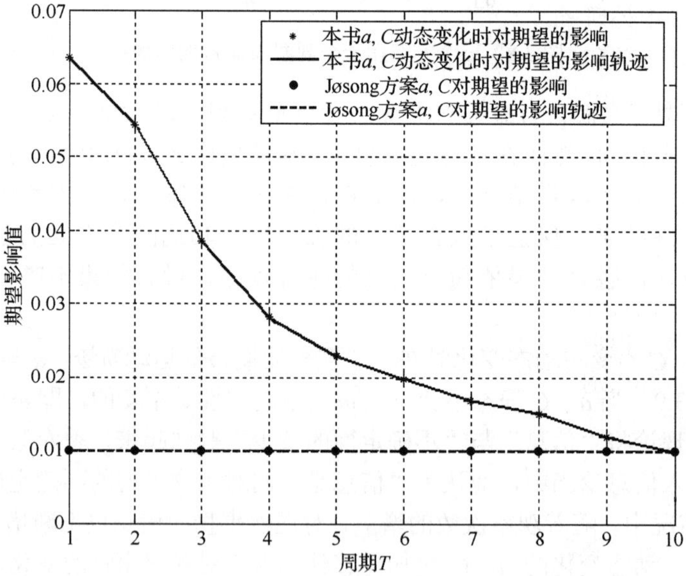

图 3.10　a,C 变化对期望的影响

3.1.8　小结

本节针对主观逻辑中的一些算子存在的问题，进行了改进与扩展，增强了其动态性和准确性，并进行模拟实验验证改进后算子的科学合理性。

3.2 基于多项式主观逻辑的扩展信任传播模型

随着网络技术和应用的不断发展，新兴的分布式系统下的网络计算模式（如 P2P、网格计算、云计算、Ad Hoc 网络等）已逐渐取代传统的计算模式。分布式网络在协同工作[14]、资源共享[15]、大规模并行计算[16]、信息交换等方面具有的明显优势，使其迅速成为网络发展的方向。

分布式系统具有开放性、动态性、无中心性等特点，使分布式系统具有更多的不确定性。任何实体任何时候都可以加入网络为其他实体提供服务，同时也可以从网络中获取其他实体提供的资源。应用系统对实体缺乏约束机制，实体行为具有不确定性并受环境影响，欺骗行为、不可信服务也随处可见，实体间缺乏信任，这将导致实体间的交互行为存在极大的风险。传统的网络安全手段已不能满足分布式系统下的安全要求，分布式网络下的安全问题已成为人们关注的焦点。

分布式网络提供了现实世界中人类交流的网络环境，是一种社会化[17]的网络，而信任是人类关系的核心，是人类的认知现象[18]，基于此，可以用人类社会的信任关系来模拟分布式网络的信任关系。

近年来，国内外研究学者对信任相关问题进行了卓有成效的研究，提出了许多信任模型，对信任合并和传递操作也进行了深入研究，通过量化和评估实体间的信任关系，旨在为分布式网络提供一个更加可靠、安全的信任机制。

1994 年，Marsh[19]从信任的主观性入手提出了信任度量模型，首次系统地对信任的度量问题进行论述，对信任内容和信任程度进行了划分，该模型为信任在计算机领域的应用奠定了基石。Blaze 等[20]认为开放系统中的安全信息不完整，需要由第三方来提供附加的安全信息以保证系统的安全决策，以此为基础，开发出解决 Internet 网络服务安全的信任管理系统，首次提出了“信任管理”的概念。在此之后，很多学者又从不同的角度、根据不同的理论、在不同的应用环境下对信任相关问题进行了深入研究。目前，信任模型已经成为支撑分布式网络环境下安全问题的关键性技术。

信任是一个很难度量的抽象的心理认知，是对实体行为的主观判断，是包含实体主观性和复杂性的多维信任，例如，其取值可以是“绝对可信”、“一般可信”、“临界可信”或“不可信”等[21]。在分布式网络环境中，没有中心的管理权威可以依靠，使得网络中的实体不能获得某一服务实体的全部信息或根本不认识这一服务实体，对这一服务实体的信任评价很难精确到“二值逻辑”上，存在多维性和不确定性，因此，对多维信任的研究具有重要意义。

从社会学角度来讲，信任模型是一个重要的研究内容，在涉及实体之间交互的技术领域也受研究人员和最终使用者的关心[22]。构建信任模型的目的是为服务请求实体选择一个高度可信的目标交互实体[23]。信任传播[24]是根据以前的信任关系获得新的信任关系，包括信任融合和信任传递。

Beth 等[25]提出了基于概率的信任模型，用一个值表示信任值，将信任分为直接信任和推荐信任，以肯定经验和否定经验计算出的概率作为实体的信任度，并给出了信任合成方法。但在 Beth 信任模型中，多个推荐信任进行合成时简单采用算术平均的方法，无法真实地反映实体间的信任关系。

Rahman 等[26]提出了信任度评估模型，认为信任是非理性的、主观的，将信任关系分为直接信任和推荐信任，强调了实体间信任关系传递的条件性，给出了信任度的传递协议和计算公式，信任合成算法也是用算术平均。

Wang 等使用贝叶斯网络对推荐信任进行推理[27]，但这种方法过于依赖专家经验，对经验的可靠性要求较高，所以，贝叶斯网络方法在推荐信任传递和合并中的应用受限。

Guha 等[28]提出了一种基于权重的信任传递方法，但权重是人为确定的，没有量化依据，在实际应用中很难确定。

Yu 等[29]提出了基于证据理论的信任模型，该模型将节点对交易节点的评价表示为对交易节点支持的一种证据，对推荐者的所有证据采用 D-S 证据合成规则进行组合，以获得对某一节点的信任度，但在汇集推荐信息时没有按照推荐者的信誉对推荐证据进行区分。

Zhu 等提出了 Crid 与 P2P 混合计算环境下基于推荐证据理论的信任模型[30]，该模型基于社会学中人际关系信任模型，在 Grid 和 P2P 环境中建立信任推荐机制，利用 D-S 理论对推荐证据进行综合计算，但是没有按照交易时期对信任评价进行区分。

王健等[31]提出了一种基于属性相似度概念的信任传播模型，考虑到个体属性差异对信任传播的影响，把实体之间的属性相似度引入信任度估算公式中，但该模型没有考虑信任的多维性、不确定性，简单地把信任度定义为[−1,1]的一个值，认为“1”表示绝对信任，“−1”表示绝对不信任，“0”表示陌生关系。

张明武等[32]提出了基于 D-S 理论的分布式信任模型，该模型通过基于证据的 D-S 理论来表达信任度，分析信任传播过程中信任合并和传递的基本规则，提出并实现了信任合并和传递的计算模型。

窦文等[33]的全局信任度模型，对 Stanford 的 eigenRep 进行了改进，提高了计算节点全局可信度的迭代收敛性和模型的安全性，使用全局可信度作为推荐权重，认为具有高全局可信度的节点的推荐比具有低全局可信度节点的推荐更加可信。

田春岐等[34]提出了基于推荐证据的 P2P 网络信任模型，采取推荐证据预处理措施，从 D-S 证据合成规则入手，提出改进型的 D2S 证据合成规则，根据推荐证据之间对焦元支持的一致性程度，在推荐证据合成之前进行 noisy 推荐信息的过滤，把虚假的、误导性的推荐信息过滤掉，从而解决了强行组合冲突信任引起的性能下降问题。

Xu 等[35]提出的一个软件服务协同中的信任评估模型，利用实体之间的交互经验对信任关系进行量化，提供了信任传递和合并多条推荐路径的机制，可以有效处理同一信任源的信任经过多条路径传递的情况。

王远等[36]提出了一个适用于网构软件的信任度量及演化模型，该模型利用实体之间的信任关系来解决软件实体协同过程中的可信问题，给信任关系的度量、信任信息传递和合并提供了一种合理的方法。

路峰等[37]提出了基于云理论的信任评估模型，根据云模型理论成果，提出了信任云，用信任云来描述实体之间交互的满意度，实现了信任定量表示和定性描述之间的映射。该模型提出了云特征参数表达的信任传递和合并算法。

北京大学的唐文等[18]提出的基于模糊集合理论的主观信任管理模型给出了信任关系的推导规则，在推导规则中，把信任关系的合成权重考虑在内，使信任关系的合成结果更符合实际。

Wu 等[38]提出了一种推荐信任模型，研究了推荐信任的传递与合成方法，详细描述了推荐信任网的形成过程，并给出了算法，这对防止恶意推荐具有重要意义。

南京理工大学的王进等[39]提出了 DSm 信任模型下信任的一种传递方法，讨论了信任传递的语义约束及计算推荐信任评价和功能信任评价的方法。

Fu 等[40,41]提出了基于主观逻辑的信任搜索算法和网格环境下基于主观逻辑的信任模型，改进了主观逻辑中的信任合成规则。根据距离函数把实体分为恶意实体和非恶意实体，避免将冲突信任直接合成，提高了合成后推荐信任的准确性，但是根据与信誉最高实体的距离判断得出的恶意实体大多数情况下是恶意实体，并不能完全肯定它就是恶意实体。

国内外研究学者基于不同的理论来度量和构建信任模型，如基于经验和概率的信任模型、基于贝叶斯网络的信任模型、离散的信任模型、基于权重的信任传递方法、基于证据理论的信任模型等。对信任的合并操作采用的方法有算术平均、加权平均、基于权重的信任路径合并、D-S 证据合成规则。分析现有的信任模型，对信任合并和传递的研究还远不够，对信任的研究大多是基于二项式的，对多维信任的研究还不够充分。

分析上面的信任模型，都存在一个问题：没有考虑到人认识事物的主观性。因为信任评价是人给出的，具有主观性、不确定性等特性，无论信任评价如何准确，都不能忽视人的主观因素的影响。主观逻辑是关于现实世界的主观信任操作的逻辑，Jøsang 等利用主观逻辑对信任关系进行建模，认为信任具有不确定性和主观性，提出了主观逻辑信任评价模型，引入证据空间和观点空间的概念来描述和度量信任关系。

但主观逻辑在进行信任融合时，当证据高度冲突时会产生不合理的结果。以二项式独立观点的融合为例，实体 A，B 对同一二项式命题 x 进行观察，如果实体 A 观察的肯定次数为 11，否定次数为 1，即$(r, s) = (11, 1)$，而实体 B 的观察情况为$(r, s) = (1, 11)$，那么根据 Jøsang 提出的信任融合操作，融合后虚拟的实际并不存在的实体$[A, B]$的肯定次数和否定次数为$(r, s) = (12, 12)$，所对应的观点为 $\omega_X^{A\diamond B} = (0.462, 0.462, 0.076)$，此时，对二项式命题 x 的观点的信任度和不信任度是相同的。这是因为 Jøsang 提出的信任融合中并没有对信任源[21]的可靠性做任何假设，所以会出现无用数据的输入和输出[42]，也没有考虑环境的影响。在现实世界中，对两个人所提供的观点进行思考时，考虑到这两个人是否可靠，即两人的信誉问题，人们更倾向于相信信誉值高的一方的观点，而且脱离开具体的环境讨论信任问题是没有任何意义的[43]；Jøsang 在信任的传递问题中只给出了二项式观点的传递公式。

从信任的主观性、不确定性出发，提出了基于多项式主观逻辑的扩展信任传播模型（Multinomial Subjective Logic based Extended Trust Propagation Model，MSL-ETPM），考虑信誉和环境因素的影响，深入地对信任传播问题进行了研究。

3.2.1　信任网络的构建

假设 X 是包含 k 个互不相交命题 $x_i(i=1,2,\cdots,k)$ 的辨识框架。首先构建对辨识框架 X 的信任关系。如图 3.11 所示，假如信任实体 A 想获知对辨识框架 X 的信任观点，那么实体 A 会向与自己有过交互的实体 B 发出请求，询问 B 是否对辨识框架 X 有信任观点。为了获得对 X 的准确的信任观点，B 还会向与自己有过交互的其他 l 个实体 $\alpha_1,\alpha_2,\cdots,\alpha_l$ 分别发出请求，询问是否对 X 有信任观点，然后实体 B 对询问获得的 l 个实体的观点和自己对 X 的观点进行融合，推荐给实体 A。

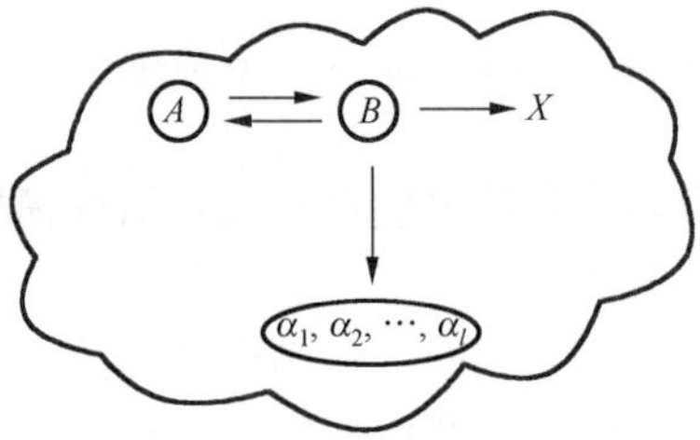

图 3.11　构建一个信任关系

在标准逻辑中，命题要么是真，要么是假。然而，在现实世界中，没有一个人能够绝对有把握地确定一个命题是真是假，也就是说，信任评价很难精确到取值为“相信”或“不相信”的二值逻辑上，对信任实体的评价很可能界于相信和不相信之间，即信任评价可能是多维的。主观逻辑可以建立在多维逻辑上，所形成的观点即为多项式观点。

3.2.2　独立观点

假设两个实体在不同的时间段对辨识框架 X 进行观察所获得的观点为相互独立的观点。

（1）对于两个独立的 Dirichlet 密度函数的基于信誉的融合操作。

令 $\varphi(\boldsymbol{r}_X^A,\boldsymbol{a}_X^A)$ 和 $\varphi(\boldsymbol{r}_X^B,\boldsymbol{a}_X^B)$ 分别代表实体 A 和实体 B 对 X 的多项式 Dirichlet 密度函数，rep^A 为实体 A 的信誉值，rep^B 为实体 B 的信誉值，融合后的 Dirichlet 密度函数为 $\varphi(\boldsymbol{r}_X^{A\Diamond' B},\boldsymbol{a}_X^{A\Diamond' B})$，定义为

$$\begin{cases} r_{x_i}^{A\diamond' B} = R^A r_{x_i}^A + R^B r_{x_i}^B \\ a_{x_i}^{A\diamond' B} = \dfrac{R^A \sum\limits_{i=1}^{k} r_{x_i}^A}{R^B \sum\limits_{i=1}^{k} r_{x_i}^B + R^A \sum\limits_{i=1}^{k} r_{x_i}^A} a_{x_i}^A + \dfrac{R^B \sum\limits_{i=1}^{k} r_{x_i}^B}{R^B \sum\limits_{i=1}^{k} r_{x_i}^B + R^A \sum\limits_{i=1}^{k} r_{x_i}^A} a_{x_i}^B \end{cases} \tag{3.26}$$

式中，$R^A = \dfrac{\text{rep}^A}{R}$，$R^B = \dfrac{\text{rep}^B}{R}$，Dirichlet 密度函数 $\varphi(\boldsymbol{r}_X^{A\diamond' B}, \boldsymbol{a}_X^{A\diamond' B})$ 的虚拟的实际上并不存在的实体 $[A,B]$ 的信誉值为 R。R 值的选择是在初始情况下，每个实体的信誉值为所有实体相同的基率信誉值，在此 R 取 0.5 或两个信誉值的平均。

根据证据空间和观念空间的映射，以及 Dirichlet 函数的融合操作，可以得到独立观点的基于信誉的融合操作。

（2）对于独立观点的基于信誉的融合操作。

令 $\omega_X^A = (\boldsymbol{b}_X^A, u_X^A, \boldsymbol{a}_X^A)$ 和 $\omega_X^B = (\boldsymbol{b}_X^B, u_X^B, \boldsymbol{a}_X^B)$ 分别表示实体 A 和实体 B 关于 X 的信任观点，观点 $\omega_X^{A\diamond' B} = (\boldsymbol{b}_X^{A\diamond' B}, u_X^{A\diamond' B}, \boldsymbol{a}_X^{A\diamond' B})$ 代表 ω_X^A 和 ω_X^B 的基于信誉的融合，可以把它看成虚拟的实际上并不存在的实体 $[A,B]$ 关于 X 的多项式观点。

$$\begin{cases} b_{x_i}^{A\diamond' B} = \dfrac{R^A b_{x_i}^A u_X^B + R^B b_{x_i}^B u_X^A}{K} \\ u_X^{A\diamond' B} = \dfrac{u_X^A u_X^B}{K} \\ a_{x_i}^{A\diamond' B} = \dfrac{R^B a_{x_i}^B u_X^A + R^A a_{x_i}^A u_X^B - \left(R^A a_{x_i}^A + R^B a_{x_i}^B\right) u_X^A u_X^B}{R^B u_X^A + R^A u_X^B - (R^A + R^B) u_X^A u_X^B} \end{cases} \tag{3.27}$$

式中，$K = R^B u_X^A + R^A u_X^B + (1 - R^A - R^B) u_X^A u_X^B$，且 $K \neq 0$。

当 $K = 0$ 时，即 ω_X^A 和 ω_X^B 是完全确定的观点，则

$$\begin{cases} b_{x_i}^{A\diamond' B} = \gamma^A b_{x_i}^A + \gamma^B b_{x_i}^B \\ u_X^{A\diamond' B} = 0 \\ a_{x_i}^{A\diamond' B} = \gamma^B a_{x_i}^B + \gamma^A a_{x_i}^A \end{cases} \tag{3.28}$$

式中

$$\begin{cases} \gamma^A = \lim\limits_{\substack{u_X^A \to 0 \\ u_X^B \to 0}} \dfrac{R^A u_X^B}{R^B u_X^A + R^A u_X^B + (1 - R^A - R^B) u_X^A u_X^B} \\ \gamma^B = \lim\limits_{\substack{u_X^A \to 0 \\ u_X^B \to 0}} \dfrac{R^B u_X^A}{R^B u_X^A + R^A u_X^B + (1 - R^A - R^B) u_X^A u_X^B} \end{cases}$$

3.2.3 依赖观点

假设两个实体在相同的时间段对辨识框架 X 观察所获得的观点为相互依赖的观点。

(1) 对于两个完全依赖的 Dirichlet 密度函数的基于信誉的融合操作。

令 $\varphi(\boldsymbol{r}_X^A,\boldsymbol{a}_X^A)$ 和 $\varphi(\boldsymbol{r}_X^B,\boldsymbol{a}_X^B)$ 分别代表实体 A 和实体 B 对 X 的 Dirichlet 密度函数，这两个概率密度函数完全依赖，融合后的 Dirichlet 密度函数为 $\varphi(\boldsymbol{r}_X^{A\underline{\Diamond}'B},\boldsymbol{a}_X^{A\underline{\Diamond}'B})$，定义为

$$\begin{cases} r_{x_i}^{A\underline{\Diamond}'B} = \dfrac{R^A r_{x_i}^A + R^B r_{x_i}^B}{2} \\ a_{x_i}^{A\underline{\Diamond}'B} = \dfrac{a_{x_i}^A + a_{x_i}^B}{2} \end{cases} \tag{3.29}$$

运用上面定义及观点空间和事实空间的映射可以获得如下操作。

(2) 对于完全依赖观点的基于信誉的融合操作。

令 $\omega_X^A=(\boldsymbol{b}_X^A,u_X^A,\boldsymbol{a}_X^A)$ 和 $\omega_X^B=(\boldsymbol{b}_X^B,u_X^B,\boldsymbol{a}_X^B)$ 分别表示实体 A 和实体 B 在同一时间段观察辨识框架 X 所得到的观点，观点 $\omega_X^{A\underline{\Diamond}'B}=(\boldsymbol{b}_X^{A\underline{\Diamond}'B},u_X^{A\underline{\Diamond}'B},\boldsymbol{a}_X^{A\underline{\Diamond}'B})$ 代表 ω_X^A 和 ω_X^B 的基于信誉的融合，可以把它看成虚拟的实际上并不存在的实体 $[A,B]$ 关于 X 的多项式观点。

$$\begin{cases} b_{x_i}^{A\underline{\Diamond}'B} = \dfrac{R^A b_{x_i}^A u_X^B + R^B b_{x_i}^B u_X^A}{K} \\ u_X^{A\underline{\Diamond}'B} = \dfrac{2u_X^A u_X^B}{K} \\ a_{x_i}^{A\underline{\Diamond}'B} = \dfrac{a_{x_i}^B + a_{x_i}^A}{2} \end{cases} \tag{3.30}$$

式中，$K = R^B u_X^A + R^A u_X^B + (2-R^A-R^B)u_X^A u_X^B$，且 $K \neq 0$。

当 $K=0$ 时，即 ω_X^A 和 ω_X^{B} 是完全确定的观点，则

$$\begin{cases} b_{x_i}^{A\underline{\Diamond}'B} = \gamma^A b_{x_i}^A + \gamma^B b_{x_i}^B \\ u_X^{A\underline{\Diamond}'B} = 0 \\ a_{x_i}^{A\underline{\Diamond}'B} = \gamma^B a_{x_i}^B + \gamma^A a_{x_i}^A \end{cases} \tag{3.31}$$

式中

$$\begin{cases} \gamma^A = \lim\limits_{\substack{u_X^A \to 0 \\ u_X^B \to 0}} \dfrac{R^A u_X^B}{R^B u_X^A + R^A u_X^B + (2-R^A-R^B)u_X^A u_X^B} \\ \gamma^B = \lim\limits_{\substack{u_X^A \to 0 \\ u_X^B \to 0}} \dfrac{R^B u_X^A}{R^B u_X^A + R^A u_X^B + (2-R^A-R^B)u_X^A u_X^B} \end{cases}$$

3.2.4　部分依赖观点

假设两个实体在两个交错的时间段观察辨识框架X所得到的观点为两个部分依赖的观点，同时在交错的时间段中实体的观察环境也有所不同。

定义 3.6（时间依赖度）　如果两个观点的观察时间重叠，则这两个观点在观察时间上相互依赖，用符号η_t来表示。

令t^{AB}表示重叠时间，t^A表示实体A的观察时间，t^B表示实体B的观察时间，则实体A对实体B的时间依赖度为$\eta_t^{AB}=\dfrac{t^{AB}}{t^A}$，实体$B$对实体$A$的时间依赖度为$\eta_t^{BA}=\dfrac{t^{AB}}{t^B}$。

定义 3.7（环境依赖度）　两个观察环境相互依赖的程度，用符号η_e表示。

e^{AB}表示观察信息重叠部分的信息量，e^A表示实体A的观察信息量，e^B表示实体B的观察信息量，则实体A对实体B的环境依赖度为$\eta_e^{AB}=\dfrac{e^{AB}}{e^A}$，实体$B$对实体$A$的环境依赖度为$\eta_e^{BA}=\dfrac{e^{AB}}{e^B}$。当观察到的信息有重叠时，重叠部分所获得的观点为依赖观点，其余部分为独立观点。

定义 3.8（依赖度）　表示两个观点相互依赖的程度，用符号η来表示，是时间依赖度和环境依赖度的加权平均，$\eta^{AB}=\delta\eta_t^{AB}+(1-\delta)\eta_e^{AB}$，$\eta^{BA}=\delta\eta_t^{BA}+(1-\delta)\eta_e^{BA}$，其中$\delta$为权重，可取 0.5。

如图 3.12 所示，代表部分依赖观察的一种情况。图中$\varphi_X^{Ai(B)}$表示实体A对实体B完全独立部分的概率密度函数，$\varphi_X^{Bi(A)}$表示实体B对实体A完全独立部分的概率密度函数，$\varphi_X^{Ad(B)}$表示实体A对实体B依赖部分的概率密度函数，$\varphi_X^{Bd(A)}$表示实体B对实体A依赖部分的概率密度函数。所对应的$\omega_X^{Ai(B)}$和$\omega_X^{Bi(A)}$代表A和B观点的独立部分，$\omega_X^{Ad(B)}$和$\omega_X^{Bd(A)}$代表A和B观点的依赖部分。

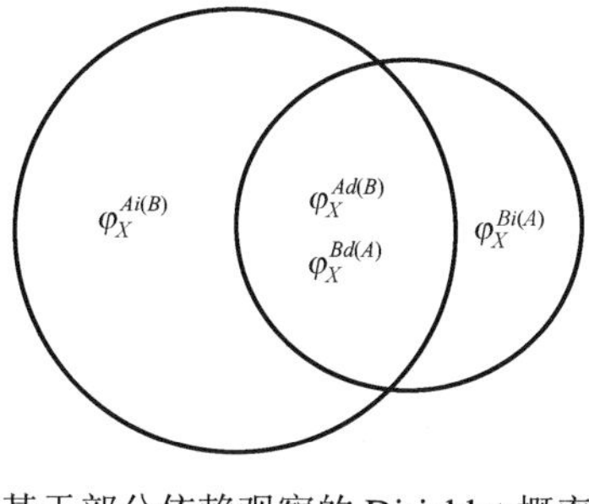

图 3.12　基于部分依赖观察的 Dirichlet 概率密度函数

独立部分、依赖部分的 Dirichlet 分布可以定义为依赖度η^{AB}和η^{BA}的函数。

$$\varphi_X^{Ai(B)}: r_{x_i}^{Ai(B)} = R^A r_{x_i}^A (1-\eta^{AB}),\quad \varphi_X^{Bi(A)}: r_{x_i}^{Bi(A)} = R^B r_{x_i}^B (1-\eta^{BA})$$
$$\varphi_X^{Ad(B)}: r_{x_i}^{Ad(B)} = R^A r_{x_i}^A \eta^{AB},\qquad \varphi_X^{Bd(A)}: r_{x_i}^{Bd(A)} = R^B r_{x_i}^B \eta^{BA}$$

两个部分依赖的 Dirichlet 密度函数的融合可以定义成独立部分、依赖部分的累加融合。其中完全依赖部分使用平均融合。

（1）对于两个部分依赖的 Dirichlet 密度函数的基于信誉的融合操作。

令 $\varphi(\boldsymbol{r}_X^A,\boldsymbol{a}_X^A)$ 和 $\varphi(\boldsymbol{r}_X^B,\boldsymbol{a}_X^B)$ 分别代表实体 A 和实体 B 对 X 的多项式 Dirichlet 密度函数，这两个 Dirichlet 密度函数部分依赖，A 对 B 的依赖度为 η^{AB}，B 对 A 的依赖度为 η^{BA}，融合后的 Dirichlet 密度函数为 $\varphi(\boldsymbol{r}_X^{A\tilde{\Diamond}'B},\boldsymbol{a}_X^{A\tilde{\Diamond}'B})$，定义为

$$\begin{cases} r_{x_i}^{A\tilde{\Diamond}'B} = r_{x_i}^{Ai(B)} + r_{x_i}^{Bi(A)} + \dfrac{r_{x_i}^{Ad(B)} + r_{x_i}^{Bd(A)}}{2} \\ a_{x_i}^{A\tilde{\Diamond}'B} = \dfrac{a_{x_i}^A + a_{x_i}^B}{2} \end{cases} \tag{3.32}$$

根据证据空间和观念空间的映射，以及 Dirichlet 函数的融合操作，可以得到部分依赖观点的融合操作。

（2）对于部分依赖观点的基于信誉的融合操作。

令 $\omega_X^A=(\boldsymbol{b}_X^A,u_X^A,\boldsymbol{a}_X^A)$ 和 $\omega_X^B=(\boldsymbol{b}_X^B,u_X^B,\boldsymbol{a}_X^B)$ 分别表示实体 A 和实体 B 关于 X 的观点，这两个观点部分依赖，观点 $\omega_X^{A\tilde{\Diamond}'B}=(\boldsymbol{b}_X^{A\tilde{\Diamond}'B},u_X^{A\tilde{\Diamond}'B},\boldsymbol{a}_X^{A\tilde{\Diamond}'B})$ 代表部分依赖观点 ω_X^A 和 ω_X^B 基于信誉的融合，可以把它看成虚拟的实际上并不存在的实体 $[A,B]$ 关于 X 的多项式观点。实际上表示的是独立部分观点（$\omega_X^{Ai(B)}$ 和 $\omega_X^{Bi(A)}$）、依赖部分观点（$\omega_X^{Ad(B)}$ 和 $\omega_X^{Bd(A)}$）的累加融合。

$$\begin{cases} b_{x_i}^{A\tilde{\Diamond}'B} = \dfrac{\lambda^{AB}R^A b_{x_i}^A u_X^B + \lambda^{BA}R^B b_{x_i}^B u_X^A}{K} \\ u_X^{A\tilde{\Diamond}'B} = \dfrac{u_X^A u_X^B}{K} \\ a_{x_i}^{A\tilde{\Diamond}'B} = \dfrac{a_{x_i}^B + a_{x_i}^A}{2} \end{cases} \tag{3.33}$$

式中，$K=\lambda^{BA}R^B u_X^A + \lambda^{AB}R^A u_X^B + (1-R^A\lambda^{AB} - R^B\lambda^{BA})u_X^A u_X^B$，$\lambda^{AB}=1-\dfrac{1}{2}\eta^{AB}$，$\lambda^{BA}=1-\dfrac{1}{2}\eta^{BA}$，且 $K\neq 0$。

当 $K=0$ 时，即 ω_X^A 和 ω_X^B 是完全确定的观点，则

$$\begin{cases} b_{x_i}^{A\tilde{\Diamond}'B} = \gamma^A b_{x_i}^A + \gamma^B b_{x_i}^B \\ u_X^{A\tilde{\Diamond}'B} = 0 \\ a_{x_i}^{A\tilde{\Diamond}'B} = \gamma^B a_{x_i}^B + \gamma^A a_{x_i}^A \end{cases} \tag{3.34}$$

式中

$$
\begin{cases}
\gamma^{A} = \lim\limits_{\substack{u_X^A \to 0 \\ u_X^B \to 0}} \dfrac{\lambda^{AB} R^{A} u_X^{B}}{\lambda^{BA} R^{B} u_X^{A} + \lambda^{AB} R^{A} u_X^{B} + (1 - R^{A}\lambda^{AB} - R^{B}\lambda^{BA}) u_X^{A} u_X^{B}} \\
\gamma^{B} = \lim\limits_{\substack{u_X^A \to 0 \\ u_X^B \to 0}} \dfrac{\lambda^{BA} R^{B} u_X^{A}}{\lambda^{BA} R^{B} u_X^{A} + \lambda^{AB} R^{A} u_X^{B} + (1 - R^{A}\lambda^{AB} - R^{B}\lambda^{BA}) u_X^{A} u_X^{B}}
\end{cases}
$$

A 关于 B 的观点为 $\omega_B^A = (b_B^A, d_B^A, u_B^A, a_B^A)$。$B$ 关于框架 X 的观点是一个多项式观点，表示为 $\omega_X^B = (\boldsymbol{b}, u, \boldsymbol{a})$，$A$ 通过实体 B 的推荐可以获得关于辨识框架 X 的观点。在传递的过程中，A 对 B 的观点要么相信要么不相信，仍然是关于二项逻辑的观点，与二项观点的传递一样，唯一不同的是 B 所推荐的观点为多项式观点。信任传递不会增加信任的可知性，经过信任传递，不确定性在相对增加。多项式观点的传递操作不满足交换律，这说明信任传递的顺序非常重要。

信任的传递是主观传递，因此在信任传递过程中对 A 不相信 B 的理解会不同，下面给出两种不同的理解。

3.2.5　不确定优先的多项式观点的传递

A 不相信 B 解释为 A 认为 B 忽视了辨识框架 X 中各个命题的真实性，因此，A 也忽视了辨识框架 X 中各个命题的真实性。

定理 3.1（不确定优先的多项式观点的传递）　A 对 B 的推荐所执有的观点是 $\omega_B^A = (b_B^A, d_B^A, u_B^A, a_B^A)$，$B$ 推荐的内容即 B 关于辨识框架 X 的观点为 $\omega_X^B = (\boldsymbol{b}_X^B, u_X^B, \boldsymbol{a}_X^B)$，让 $\omega_X^{A:B} = (\boldsymbol{b}_X^{A:B}, u_X^{A:B}, \boldsymbol{a}_X^{A:B})$ 表示 A 经过 B 的推荐获得的关于辨识框架 X 的观点，定义为

$$
\begin{cases}
b_{x_i}^{A:B} = b_B^A b_{x_i}^B \\
u_X^{A:B} = d_B^A + u_B^A + b_B^A u_X^B \\
a_{x_i}^{A:B} = a_{x_i}^B
\end{cases} \tag{3.35}
$$

$\omega_X^{A:B}$ 为经过 B 的推荐获得的 A 关于 X 的多项式观点，用 $\otimes'$ 来表示不确定优先的多项式观点的传递操作，得到 $\omega_X^{A:B} = \omega_B^A \otimes' \omega_X^B$，其中 $\omega_X^{A:B}$ 和 ω_X^B 都是多项式观点。

证明　因为多项式观点中只显示“信任”和“不确定”，所以可以转化为 k 个二项式观点。实体 B 关于辨识框架 X 的观点 $\omega_X^B = (\boldsymbol{b}_X^B, u_X^B, \boldsymbol{a}_X^B)$ 转化成 k 个二项式观点，即

$$
\begin{cases}
\omega_{x_1}^B = (b_{x_1}^B, d_{x_1}^B, u_X^B, a_{x_1}^B) \\
\omega_{x_2}^B = (b_{x_2}^B, d_{x_2}^B, u_X^B, a_{x_2}^B) \\
\qquad \vdots \\
\omega_{x_k}^B = (b_{x_k}^B, d_{x_k}^B, u_X^B, a_{x_k}^B)
\end{cases} \tag{3.36}
$$

这 k 个二项式观点分别和实体 A 关于 B 的观点运用主观逻辑的 Discounting 算子获得 A 关于 k 个命题 x_i 的二项式观点，即

$$\begin{cases}\omega_{x_1}^{A:B}=(b_{x_1}^{A:B},d_{x_1}^{A:B},u_X^{A:B},a_{x_1}^{A:B})=(b_B^A b_{x_1}^B,b_B^A d_{x_1}^B,d_B^A+u_B^A+b_B^A u_X^B,a_{x_1}^B)\\ \omega_{x_2}^{A:B}=(b_{x_2}^{A:B},d_{x_2}^{A:B},u_X^{A:B},a_{x_2}^{A:B})=(b_B^A b_{x_2}^B,b_B^A d_{x_2}^B,d_B^A+u_B^A+b_B^A u_X^B,a_{x_2}^B)\\ \vdots\\ \omega_{x_k}^{A:B}=(b_{x_k}^{A:B},d_{x_k}^{A:B},u_X^{A:B},a_{x_k}^{A:B})=(b_B^A b_{x_k}^B,b_B^A d_{x_k}^B,d_B^A+u_B^A+b_B^A u_X^B,a_{x_k}^B)\end{cases}\tag{3.37}$$

因为多项式观点中只显示“信任”和“不确定”，所以 A 经过 B 的推荐对辨识框架 X 的观点 $\omega_X^{A:B}=(\boldsymbol{b}_X^{A:B},u_X^{A:B},\boldsymbol{a}_X^{A:B})$ 表示为

$$\begin{cases}b_{x_1}^{A:B}=b_B^A b_{x_1}^B,\quad a_{x_1}^{A:B}=a_{x_1}^B\\ b_{x_2}^{A:B}=b_B^A b_{x_2}^B,\quad a_{x_2}^{A:B}=a_{x_2}^B\\ \quad\vdots\qquad\qquad\quad\vdots\\ b_{x_k}^{A:B}=b_B^A b_{x_k}^B,\quad a_{x_k}^{A:B}=a_{x_k}^B\\ u_X^{A:B}=d_B^A+u_B^A+b_B^A u_X^B\end{cases}\tag{3.38}$$

即为式（3.35），证毕。

3.2.6　相对信任优先的多项式观点的传递

A 不相信 B 解释为 A 认为 B 把关于辨识框架 X 中各个命题的真实观点的相对观点推荐给自己，因此，A 不仅不相信 B 推荐的观点，而且相信 B 推荐观点的对立观点[42]。

定理 3.2（相对信任优先的多项式观点的传递）　A 对 B 的推荐所执有的观点是 $\omega_B^A=(b_B^A,d_B^A,u_B^A,a_B^A)$，$B$ 推荐的内容即 B 关于辨识框架 X 的观点为 $\omega_X^B=(\boldsymbol{b}_X^B,u_X^B,\boldsymbol{a}_X^B)$，让 $\omega_X^{A:B}=(\boldsymbol{b}_X^{A:B},u_X^{A:B},\boldsymbol{a}_X^{A:B})$ 表示 A 经过 B 的推荐获得的关于辨识框架 X 的观点，定义为

$$\begin{cases}b_{x_i}^{A:B}=b_B^A b_{x_i}^B+d_B^A(1-b_{x_i}^B-u_X^B)\\ u_X^{A:B}=u_B^A+(b_B^A+d_B^A)u_X^B\\ a_{x_i}^{A:B}=a_{x_i}^B\end{cases}\tag{3.39}$$

$\omega_X^{A:B}$ 为经过 B 的推荐获得的 A 关于 X 的多项式观点，用 $\otimes''$ 来表示相对信任优先的多项式观点的传递操作，得到 $\omega_X^{A:B}=\omega_B^A\otimes''\omega_X^B$，其中 $\omega_X^{A:B}$ 和 ω_X^B 都是多项式观点。

这个操作是根据“你的敌人的敌人是你的朋友”的观点获得的，证明过程与定理 3.1 的证明过程一致。

3.2.7　实例结果与分析

下面将通过实例对 MSL-ETPM 在不同条件下进行信任评价的适应性和准确性进行验证，并与 Jøsang 的主观逻辑理论进行比较分析。

使用 Zadeh 在 1984 年为了评价 Dempster 理论（Dempster rule）使用过的例子。Smets 在 1988 年也使用过这个例子为 Dempster 理论的非规格化版本（the non-normalised version of Dempster's rule）进行了辩护[44]。

例 3.3　一个谋杀案有三个嫌疑犯 Peter，Paul，Mary 和两个证人 W_1 和 W_2，这两个证人有高度冲突的证词。两个证人的观点分别用 MSL-ETPM 的基于信誉的信任融合操作和主观逻辑的融合操作进行融合。

表 3.7 中给出了 Zadeh 例子中的信任量，从表中给出的 W_1 和 W_2 的观点来看，证人 W_1 和 W_2 的证词高度冲突，W_1 倾向于相信 Peter 为罪犯，而 W_2 倾向于相信 Mary 为罪犯。

表 3.7　Zadeh 例子中的信任量

	Peter	Paul	Mary	Θ
W_1	0.98	0.01	0.00	0.01
W_2	0.00	0.01	0.98	0.01

如表 3.8 所示，应用 Dempster 规则所得到的结果对 Peter 为罪犯和 Mary 为罪犯的相信程度都为 0.490，应用 Non-normalised 规则所得到的结果认为三个嫌疑犯都不是罪犯，而是在已知的辨识框架之外还有未知的可能状态[44]，即罪犯可能是这三个嫌疑犯之外的其他人。

表 3.8　应用 Dempster 规则和 Non-normalised 规则所得到的结果

	Peter	Paul	Mary	Θ
Dempster 规则	0.490	0.015	0.490	0.005
Non-normalised 规则	0.0098	0.0003	0.0098	0.0001

表 3.9 为在不同情况下 Zadeh 例子分别应用 Jøsang 的信任融合操作和 MSL-ETPM 的信任融合操作所得结果的比较。以 R 值取 0.5 为例，下面将分别进行分析，分析中用数据对 $c(x, y)$表示第 x 行与第 y 行进行比较。例如，$c(17, 18)$表示表 3.9 中第 17 行和第 18 行进行比较。

表 3.9　在不同情况下 Zadeh 例子应用不同融合操作所得结果的比较

模　型	实体关系	依赖类型	依赖度/信誉值	Peter	Paul	Mary	Θ	序号
Jøsang		观点独立	$\eta_t^{W_1W_2}=0,\eta_t^{W_2W_1}=0$	0.4925	0.0100	0.4925	0.0050	1
		观点依赖	$\eta_t^{W_1W_2}=1,\eta_t^{W_2W_1}=1$	0.49	0.01	0.49	0.01	2
		部分依赖	$\eta_t^{W_1W_2}=0.8,\eta_t^{W_2W_1}=0.4$	0.4212	0.0100	0.5616	0.0072	3
			$\eta_t^{W_1W_2}=0.4,\eta_t^{W_2W_1}=0.8$	0.5616	0.0100	0.4212	0.0072	4

续表

模　型	实体关系	依赖类型	依赖度/信誉值	Peter	Paul	Mary	Θ	序号
MSL-ETPM	信誉相同，环境相同 $\text{rep}^{W_1}=\text{rep}^{W_2}=1$, $\eta_e^{W_1W_2}=\eta_e^{W_2W_1}=1$	观点独立	$\eta_t^{W_1W_2}=0,\eta_t^{W_2W_1}=0$	0.4937	0.0101	0.4937	0.0025	5
		观点依赖	$\eta_t^{W_1W_2}=1,\eta_t^{W_2W_1}=1$	0.4925	0.0100	0.4925	0.0050	6
		部分依赖	$\eta_t^{W_1W_2}=0.8,\eta_t^{W_2W_1}=0.4$	0.4227	0.0101	0.5636	0.0036	7
			$\eta_t^{W_1W_2}=0.4,\eta_t^{W_2W_1}=0.8$	0.5636	0.0101	0.4227	0.0036	8
	信誉相同，环境不同 $\text{rep}^{W_1}=\text{rep}^{W_2}=1$, $\eta_e^{W_1W_2}=1,\eta_e^{W_2W_1}=0.3$	观点独立	$\eta_t^{W_1W_2}=0,\eta_t^{W_2W_1}=0$	0.4419	0.0101	0.5450	0.0030	9
		观点依赖	$\eta_t^{W_1W_2}=1,\eta_t^{W_2W_1}=1$	0.4194	0.0101	0.5662	0.0043	10
		部分依赖	$\eta_t^{W_1W_2}=0.8,\eta_t^{W_2W_1}=0.4$	0.3945	0.0101	0.5918	0.0036	11
			$\eta_t^{W_1W_2}=0.4,\eta_t^{W_2W_1}=0.8$	0.4662	0.0101	0.5200	0.0037	12
	信誉不同，环境相同 $\eta_e^{W_1W_2}=\eta_e^{W_2W_1}=1$	观点独立 $\eta_t^{W_1W_2}=0,\eta_t^{W_2W_1}=0$	$\text{rep}^{W_1}=0.45,\text{rep}^{W_2}=0.65$	0.4025	0.0100	0.5814	0.0061	13
			$\text{rep}^{W_1}=0.2,\text{rep}^{W_2}=0.9$	0.1789	0.0100	0.8050	0.0061	14
		观点依赖 $\eta_t^{W_1W_2}=1,\eta_t^{W_2W_1}=1$	$\text{rep}^{W_1}=0.45,\text{rep}^{W_2}=0.65$	0.4016	0.0100	0.5796	0.0091	15
			$\text{rep}^{W_1}=0.2,\text{rep}^{W_2}=0.9$	0.1783	0.0100	0.8026	0.0091	16
		部分依赖	$\text{rep}^{W_1}=0.45,\text{rep}^{W_2}=0.65$ $\eta_t^{W_1W_2}=0.8,\eta_t^{W_2W_1}=0.4$	0.3629	0.0100	0.6196	0.0075	17
			$\text{rep}^{W_1}=0.2,\text{rep}^{W_2}=0.9$ $\eta_t^{W_1W_2}=0.8,\eta_t^{W_2W_1}=0.4$	0.1556	0.0100	0.8272	0.0072	18
			$\text{rep}^{W_1}=0.45,\text{rep}^{W_2}=0.65$ $\eta_t^{W_1W_2}=0.4,\eta_t^{W_2W_1}=0.8$	0.4420	0.0100	0.5403	0.0077	19
			$\text{rep}^{W_1}=0.2,\text{rep}^{W_2}=0.9$ $\eta_t^{W_1W_2}=0.4,\eta_t^{W_2W_1}=0.8$	0.2043	0.0100	0.7777	0.0080	20
	信誉不同，环境不同 $\eta_e^{W_1W_2}=1,\eta_e^{W_2W_1}=0.3$	观点独立 $\eta_t^{W_1W_2}=0,\eta_t^{W_2W_1}=0$	$\text{rep}^{W_1}=0.45,\text{rep}^{W_2}=0.65$	0.3540	0.0100	0.6306	0.0054	21
			$\text{rep}^{W_1}=0.2,\text{rep}^{W_2}=0.9$	0.1504	0.0100	0.8345	0.0051	22
		观点依赖 $\eta_t^{W_1W_2}=1,\eta_t^{W_2W_1}=1$	$\text{rep}^{W_1}=0.45,\text{rep}^{W_2}=0.65$	0.3330	0.0100	0.6494	0.0076	23
			$\text{rep}^{W_1}=0.2,\text{rep}^{W_2}=0.9$	0.1389	0.0100	0.8440	0.0071	24
		部分依赖	$\text{rep}^{W_1}=0.45,\text{rep}^{W_2}=0.65$ $\eta_t^{W_1W_2}=0.8,\eta_t^{W_2W_1}=0.4$	0.3106	0.0100	0.6730	0.0064	25
			$\text{rep}^{W_1}=0.2,\text{rep}^{W_2}=0.9$ $\eta_t^{W_1W_2}=0.8,\eta_t^{W_2W_1}=0.4$	0.1270	0.0100	0.8571	0.0059	26
			$\text{rep}^{W_1}=0.45,\text{rep}^{W_2}=0.65$ $\eta_t^{W_1W_2}=0.4,\eta_t^{W_2W_1}=0.8$	0.3766	0.0100	0.6068	0.0066	27
			$\text{rep}^{W_1}=0.2,\text{rep}^{W_2}=0.9$ $\eta_t^{W_1W_2}=0.4,\eta_t^{W_2W_1}=0.8$	0.1270	0.0100	0.8571	0.0059	28

1. 信誉相同，观察环境相同

1）观点独立

假定：

（1）证人 W_1 和 W_2 所获得的观点独立；

（2）两个证人的信誉相同；

（3）目击环境相同。

对应表 3.9 中第 5 行，MSL-ETPM 所获得的结果对 Peter 为罪犯（下面用 b(Peter) 表示）和 Mary 为罪犯的相信程度（用 b(Mary) 表示）都为 0.4937。

2）观点完全依赖

假定：

（1）证人 W_1 和 W_2 所获得的观点完全依赖；

（2）两个证人的信誉相同；

（3）目击环境相同。

对应表 3.9 中第 6 行，MSL-ETPM 所获得的结果中 b(Peter) 和 b(Mary) 都为 0.4925。

3）观点部分依赖

假定：

（1）证人 W_1 和 W_2 所获得的观点部分依赖；

（2）两个证人的信誉相同；

（3）目击环境相同。

对应表 3.9 中第 7 行，MSL-ETPM 所获得的结果中 b(Peter) 为 0.4227，b(Mary) 为 0.5636。对应表 3.9 中第 8 行，MSL-ETPM 所获得的结果中 b(Peter) 为 0.5636，b(Mary) 为 0.4227。

由 $c(5,1)$，$c(6,2)$，$c(7,3)$，$c(8,4)$可知，当信誉相同，观察环境相同时，MSL-ETPM 的基于信誉的信任融合结果和 Jøsang 的信任融合结果相差非常小，基本一致。

2. 信誉相同，观察环境不同

1）观点独立

假定：

（1）证人 W_1 和 W_2 所获得的观点独立；

（2）两个证人的信誉相同；

（3）目击环境不同，W_2 的观察环境优于 W_1。

对应表 3.9 中第 9 行。MSL-ETPM 所获得的结果中 b(Peter)为 0.4419，b(Mary)为 0.5450，即倾向于相信目击环境好的实体的观点，即对 Mary 为罪犯的相信程度高。

2）观点完全依赖

假定：

（1）证人 W_1 和 W_2 所获得的观点完全依赖；

（2）两个证人的信誉相同；

（3）目击环境不同，W_2 的观察环境优于 W_1。

对应表 3.9 中第 10 行，MSL-ETPM 所获得的结果中 *b*(Peter)为 0.4194，*b*(Mary)为 0.5662，对 Mary 为罪犯的相信程度高。

3）观点部分依赖

假定：

（1）证人 W_1 和 W_2 所获得的观点部分依赖；

（2）两个证人的信誉相同；

（3）目击环境不同，W_2 的观察环境优于 W_1。

对应表 3.9 中第 11 行，MSL-ETPM 所获得的结果中 *b*(Peter)为 0.3945，*b*(Mary)为 0.5918。对应表 3.9 中第 12 行，MSL-ETPM 所获得的结果中 *b*(Peter)为 0.4662，*b*(Mary)为 0.5200。

由 *c*(9,1)，*c*(10,2)，*c*(11,3)，*c*(12,4)可知，当信誉相同，观察环境不同时，MSL-ETPM 的基于信誉的信任融合结果倾向于相信观察环境好的实体的观点，比较准确。

3. 信誉不同，观察环境相同

取两组信誉值，一组为 W_1 的信誉值为 0.45，W_2 的信誉值为 0.65；另一组为 W_1 的信誉值为 0.2，W_2 的信誉值为 0.9。

1）观点独立

假定：

（1）证人 W_1 和 W_2 所获得的观点独立；

（2）W_2 的信誉高于 W_1；

（3）目击环境相同。

取第一组信誉值，对应表 3.9 中第 13 行，MSL-ETPM 所获得的结果中 *b*(Peter)为 0.4025，*b*(Mary)为 0.5814，倾向于相信信誉值高的实体的观点，即对 Mary 为罪犯的相信程度高。取第二组信誉值，对应表 3.9 中第 14 行，MSL-ETPM 所获得的结果中 *b*(Peter)为 0.1789，*b*(Mary)为 0.8050，倾向于相信信誉值高的实体的观点，即对 Mary 为罪犯的相信程度高。

2）观点完全依赖

假定：

（1）证人 W_1 和 W_2 所获得的观点完全依赖；

（2）W_2 的信誉高于 W_1；

（3）目击环境相同。

取第一组信誉值，对应表 3.9 中第 15 行，MSL-ETPM 所获得的结果中 b(Peter)为 0.4016，b(Mary)为 0.5796，对 Mary 为罪犯的相信程度高。取第二组信誉值，对应表 3.9 中第 16 行，MSL-ETPM 所获得的结果中 b(Peter)为 0.1783，b(Mary)为 0.8026，对 Mary 为罪犯的相信程度高。

3）观点部分依赖

假定：

（1）证人 W_1 和 W_2 所获得的观点部分依赖；

（2）W_2 的信誉高于 W_1；

（3）目击环境相同。

对应表 3.9 中第 17 行，MSL-ETPM 所获得的结果中 b(Peter)为 0.3629，b(Mary)为 0.6196。对应表 3.9 中第 18 行，MSL-ETPM 所获得的结果中 b(Peter)为 0.1556，b(Mary)为 0.8272。对应表 3.9 中第 19 行，MSL-ETPM 所获得的结果中 b(Peter)为 0.4420，b(Mary)为 0.5403。对应表 3.9 中第 20 行，MSL-ETPM 所获得的结果中 b(Peter)为 0.2043，b(Mary)为 0.7777。

由 $c(13,1)$，$c(14,1)$，$c(15,2)$，$c(16,2)$，$c(17,3)$，$c(18,3)$，$c(19,4)$，$c(20,4)$，$c(13,14)$，$c(15,16)$，$c(17,18)$，$c(19,20)$可知，当信誉不同，观察环境相同时，MSL-ETPM 的基于信誉的信任融合结果倾向于相信信誉值高的一方的观点，比较准确，且两个证人的信誉值相差越大，结果对信誉值高的实体观点的倾向程度越明显。

4. 信誉不同，观察环境也不同

仍然取上面两组信誉值。

1）观点独立

假定：

（1）证人 W_1 和 W_2 所获得的观点独立；

（2）W_2 的信誉高于 W_1；

（3）W_2 的目击环境优于 W_1。

取第一组信誉值，对应表 3.9 中第 21 行，MSL-ETPM 所获得的结果中 b(Peter)为 0.3540，b(Mary)为 0.6306，倾向于相信信誉值高、目击环境好的实体的观点，即对 Mary 为罪犯的相信程度高。取第二组信誉值，对应表 3.9 中第 22 行，MSL-ETPM 所获得的结果中 b(Peter)为 0.1504，b(Mary)为 0.8345，倾向于相信信誉值高、目击环境好的实体的观点，即对 Mary 为罪犯的相信程度高。

2）观点完全依赖

假定：

（1）证人 W_1 和 W_2 所获得的观点完全依赖；

（2）W_2 的信誉高于 W_1；

（3）W_2的目击环境优于W_1。

取第一组信誉值，对应表 3.9 中第 23 行，MSL-ETPM 所获得的结果中 *b*(Peter)为 0.3330，*b*(Mary)为 0.6494，对 Mary 为罪犯的相信程度高。取第二组信誉值，对应表 3.9 中第 24 行，MSL-ETPM 所获得的结果中 *b*(Peter)为 0.1389，*b*(Mary)为 0.8440，对 Mary 为罪犯的相信程度高。

3）观点部分依赖

假定：

（1）证人W_1和W_2所获得的观点部分依赖；

（2）W_2的信誉高于W_1；

（3）W_2的目击环境优于W_1。

对应表 3.9 中第 25 行，MSL-ETPM 所获得的结果中 *b*(Peter)为 0.3106，*b*(Mary)为 0.6730。对应表 3.9 中第 26 行，MSL-ETPM 所获得的结果中 *b*(Peter)为 0.1270，*b*(Mary)为 0.8571。对应表 3.9 中第 27 行，MSL-ETPM 所获得的结果中 *b*(Peter)为 0.3766，*b*(Mary)为 0.6068。对应表 3.9 中第 28 行，MSL-ETPM 所获得的结果中 *b*(Peter)为 0.1270，*b*(Mary)为 0.8571。

由 *c*(21,1)，*c*(22,1)，*c*(23,2)，*c*(24,2)，*c*(25,3)，*c*(26,3)，*c*(27,4)，*c*(28,4)，*c*(21,22)，*c*(23,24)，*c*(25,26)，*c*(27,28)可知，当信誉不同，观察环境不同时，MSL-ETPM 的基于信誉的信任融合结果倾向于相信信誉值高、观察环境好的实体的观点，比较准确，且两个证人的信誉值相差越大，结果对信誉值高的实体观点的倾向程度越明显。由 *c*(21,9)，*c*(22,9)，*c*(23,10)，*c*(24,10)，*c*(25,11)，*c*(26,11)，*c*(27,12)，*c*(28,12)，*c*(21,13)，*c*(22,14)，*c*(23,15)，*c*(24,16)，*c*(25,17)，*c*(26,18)，*c*(27,19)，*c*(28,20)可知，结果对信誉值高、观察环境也好的实体观点的倾向程度高于对一方面好的实体观点的倾向程度。

综上所述，当两个冲突的观点进行融合时，MSL-ETPM 的基于信誉的信任融合操作充分考虑了实体信誉、观察所处环境。当两个实体信誉相同、观察环境相同时，与 Jøsang 的信任融合结果相差非常小；当两个实体的信誉相同、观察环境不同时，倾向于相信观察环境好的实体的观点；当两个实体的信誉不同、观察环境相同时，倾向于相信信誉值高的实体的观点，且两个实体信誉值相差越大，倾向程度越明显；当两个实体信誉不同、观察环境也不同时，倾向于相信信誉值高、观察环境也好的实体的观点，且倾向程度高于一方面高的情况（信誉值高或环境好）。

上述结论恰好与认知一致性理论的观点相符，认知一致性理论是一种重要的社会认知理论，该理论认为人的认知有一致性倾向，当两个实体对同一事物给出不同的观点时出现认知失调，减少认知失调的一个方法是改变认知的相对重要性，一致和不一致的认知必须根据其重要性加权，增加新的认知，认知-感情一致论认为人们的认识在一定程度上受其感情偏爱所决定。

由此也证明 MSL-ETPM 较之 Jøsang 模型有更好的适应性和准确性。

3.2.8 小结

通过经典实例对本书提出的基于信誉的多项式观点融合操作算子的适应性和准确性进行了验证。首先，对经典实例进行了介绍；接着，给出了经典实例使用 Dempster 规则和 Non-normalised 规则的结果；然后，分四种情况对提出的基于信誉的多项式观点融合操作结果与主观逻辑信任融合操作结果进行比较和分析；最后，通过分析可以看出，改进后的信任融合操作（MSL-ETPM 的基于信誉的信任融合操作）比改进前的信任融合操作（主观逻辑的信任融合操作）更符合人的直觉评判，更准确，因此，扩展后的 MSL-ETPM 比 Jøsang 主观逻辑适应性更好，准确性更高。

3.3 基于扩展主观逻辑的动态信任模型

信任是一种相信或预期，它是一个涉及多领域的概念，包括心理学、社会学、计算机学、经济学、管理学等。它是一种相信或者预期，是以自身的知识和经验为基础，对所观察到的事物进行主观判断。

交易领域的信任是指交易双方在交易过程中体现出来的诚信度、认可度和提供服务的真实度[45]。信任作为交易的前提和基础，决定了交易的成功与否。随着电子商务的迅猛发展，交易已经不单单是面对面地互换，而发展成网络交易。网络交易是以信息网络技术为手段，将传统商业活动各环节进行电子化、网络化。然而，不论传统的交易环境还是在电子商务的交易环境，若想一笔交易顺利达成，则需要交易双方彼此存在信任。如果缺乏必要的信任，则交易双方会出于自保采取有利于自己的行为，欺骗由此产生。因此，要想交易顺利达成，双方之间的信任必不可少。传统交易中的信任大多为了解型信任，即交易双方因历史的直接交互而充分了解对方，建立起了直接信任关系，随后的交易都依赖于此。

随着电子商务逐渐兴起，传统的信任机制已经不能满足需求，因为交易双方的交易已不再是面对面的，这就不能通过历史的直接交互而产生直接的信任评价，此时基于 CA（Certification Authority）的静态信任机制被提出[46,47]，解决了相应的问题。但是，近年来，随着网格计算、普适计算、P2P 计算、Ad Hoc 等大规模分布式应用系统的深入研究，系统表现为一些节点集合组成的自治网络，网络中的节点信息是可以共享的，任意节点可以通过信任网络搜索，找到声称拥有所需文件的节点，发起搜索行为的节点可以通过一定的算法找到信任评价值最高的节点进行交互行为，但是，在享受资源共享和高使用率的同时，也面临着许多安全威胁。一方面，分布式系统中，系统对节点缺乏一定的约束，使环境中的节点具有更多的自由，这更有利于节点之间的交互。另一方面，在开放的分布式环境中，源节点往往要和不了解甚至完全陌生的节点进行交互，但是节点之间缺乏信任，这就导致了恶意节点大量的欺骗行为和不可信的服务，使节点之间的交互具有极大的风险性。因此，基于凭证式的静态信任机制不能有效地抑制这类节点的恶意行为，不能很好地适应大规模分布式网络的发展[48]。此时，建立有效的动态信任管理机制，在节点交互之前对其行为进行预估，并在交互完成后进行信任评价的动态更新，对电子商务的健康发展具有重要意义。通过信任机制，可以使节点在交互之前对对方的诚信度、可靠度进行很好的预估，防范恶意节点的攻击，从而确保交互的可靠性和安全性。

在信任模型中，节点之间的信任关系是通过直接交互来建立的，当缺乏直接的交互经验时，此时就要通过可信第三方的推荐，对信任关系进行建立，因此形成从源节点到目的节点的信任网络推荐关系图。以信任网络推荐关系图为基础，通过信任的传递与聚合，最终得到源节点对目的节点的综合评价。信任搜索作为信任模型研究的基础，是保证最终得到的信任评价是否符合客观实际的关键所在。因此，设计高效合理的信任网络搜索算法至关重要。

信任管理的概念首先由 Blaze 等[49]提出，其基本思想是承认当前系统中安全信息的不完整性，此时，要想保证系统做出安全的决策，就要依赖可信的第三方提供额外的安全信息。Rahman 等[50]则从信任的角度出发，对信任内容和信任程度进行划分，建立相应的信任模型用于信任的数值评估。信任模型是对信任关系进行建立和管理的模型，主要是用来解决信任评价的度量问题。通过信任模型的规则计算，信任主体最终可以得到对信任客体的综合评价。信任模型中有以下三个问题值得考虑[23]。

（1）如何构建信任网络，即如何得到简单有效的信任网络推荐关系图。

（2）如何得到信任评价的综合计算，即信任评价的计算算子要规范，保证最终得到的信任评价符合客观实际。

（3）如何保证信任的动态更新，即要考虑信任具有的动态性，对信任评价进行实时更新。

针对信任网络的搜索，现有的大多数信任模型都是以洪泛搜索为基础的。

苏锦钿等[51]基于信任网，提出了一种新的推荐机制，新的推荐机制通过洪泛搜索，得到信任网中的推荐链，并将推荐链归纳为无依赖、部分依赖和完全依赖三种关系，同时给出了三种策略用于解决完全依赖问题。此推荐机制在一定程度上减少了恶意节点的推荐行为。

蒋黎明等[52]针对证据信任模型中的信任传递与聚合问题，通过结合 D-S 证据理论和图论的方法，引入了信任子图的概念，并通过 EDTR 算法消除了推荐链间的依赖关系，使聚合过程中推荐信息的重复计算等问题得到有效的解决，同时也提高了信任传递与聚合的准确性。该模型同样建立在洪泛搜索的基础之上。

秦艳琳等[53]提出了一种分布式环境下信任路径选择性搜索及聚合方法，该算法利用控制条件实现对包含有效信息的路径进行搜索并停止对冗余路径的搜索，在搜索过程中有效地规避了恶意节点。

针对信任评价的综合计算，陈建钧等[54]考虑复杂网络环境中不确定因素对用户信任影响的基础上，引入正态云模型，提出基于云模型和信任链的信任评价模型。模型中给出了信任传递和聚合的计算规则，解决了由信任链过长导致的评价结果不准确问题。但对于如何防范节点的恶意推荐，该模型并没有提供很好的解决方案。

李道丰等[55]对实体的状态和所表现的行为进行了充分考虑，提出一种可信网络动态信任模型，模型利用灰色系统理论，通过对实体的状态行为关联进行分析，实现信息的提取过程。此模型能够有效地处理恶意节点的攻击，但模型没有考虑上下文的动态变化。

田春岐等[56]针对 P2P 网络中节点之间难以建立信任关系的现状，提出一种基于聚集超级节点的 P2P 网路信任模型，通过节点分类和反馈信任过滤，使该模型可实现对恶意节点攻击行为的抵御，同时具有低查询开销。

王守信等[57]基于云模型，提出了一种新的主观信任评价方法，此方法以信任云的形式来描述和度量信任程度和不确定度，充分考虑了实体之间信任具有的模糊性和随机性，并通过主观信任云的历史信息来构造信任变化云，使本方法能够有效地对信任主体的信任决策提供辅助支持。

Jøsang 等[58-63]充分考虑信任具有的动态性和不确定性，在 D-S 证据理论基础上，提出了利用主观逻辑的方法来对信任关系进行建模，模型中引入了事实空间和状态空间的概念来对信任关系进行描述和度量，并提供了一套计算算子用于信任评价的推导和综合计算。与以往使用单一数值对信任进行描述不同，主观逻辑在充分考虑信任具有的主观性和不确定性基础上，引入不确定度 u，更好地反映了信任本身具有的特性，因此模型更加符合人们认识现实世界的本质规律。另外，针对信任网络搜索，Jøsang 在文献[63]中提出一种优化的主观逻辑信任网络分析方法，通过将洪泛搜索后得到的信任关系图进行分裂处理，获得一个新的规范图，通过分裂原有路径间的依赖关系，以此得到相互独立的信任推荐路径。

经研究发现，Jøsang 主观逻辑信任模型中还存在诸多不足。

（1）模型中并没有考虑到“信任是相互的，且为不对称的”这一问题，节点双方都存在对彼此的信任评价且未必是相同的，节点 A 对节点 B 的信任评价决定了节点对此次服务的主观信任程度，而节点 B 对节点 A 的信任评价决定了推荐信息的可信程度。

（2）节点双方的信任评价受当前事件的重要程度影响，一般地，当前事件越重要，节点之间的信任评价越谨慎，主观程度越小。Jøsang 信任模型中，并没有考虑事件重要程度对信任评价的影响。

（3）信任评价具有动态性，即信任不是一成不变的，而是随着时间的流逝和交互的进行而不断进行动态更新的过程。Jøsang 信任模型中，并未考虑这一问题。

（4）分析 Jøsang 信任模型中传递算子不难看出，节点 A 对节点 B 的最终评价是由参数 b_B^A、b_C^B 和 d_C^B 共同决定的，与参数 d_B^A 无关，也就是说，当节点 A 对节点 B 的绝对可信度 b_B^A 一定时，绝对不可信度 d_B^A 和不确定度 u_B^A 的取值只要保证 $d_B^A + u_B^A = 1 - b_B^A$，参数 d_B^A 和 u_B^A 的变动不会影响最终的信任评价。但节点 A 对节点 B 的信任评价是由 b_B^A 和 d_B^A 两个属性共同决定的，最终的评价结果不免偏离客观。

（5）Jøsang 信任模型的聚合过程中，同样并未考虑事件重要程度的影响。

（6）Jøsang 信任模型虽考虑到洪泛搜索造成的路径依赖[2]问题，但也只是给出了简单的路径优化和依赖关系消除算法，并未从根本上考虑造成路径依赖的原因，即朋友圈的重叠[64-66]问题。因此，造成搜索效率不高并且难以抵御恶意节点的推荐行为，进而使最终的信任评价不准确。

针对 Jøsang 主观逻辑信任模型存在的诸多问题，提出基于扩展主观逻辑的动态信任模型。下面将对模型进行详细介绍。

3.3.1 相关概念

为了叙述方便，首先对相关概念进行定义。

定义 3.9（信任主体） 信任网络中发起搜索行为的源节点，即需要计算信任评价的节点。

定义 3.10（信任客体） 信任网络中终止搜索行为的目的节点，即需要被计算信任评价的节点。

定义 3.11（推荐实体） 信任网络中可以提供推荐行为的中间节点。

定义 3.12（邻居节点） 与自身节点存在直接交互经验的节点。

定义 3.13（朋友圈） 一个节点的所有邻居节点集合构成此节点的朋友圈。

定义 3.14（信任评价） 节点 A 对节点 B 信任程度的数值量化，由绝对可信度、绝对不可信度和不确定度三部分组成，书中用 $\omega_B^A=\{b_B^A,d_B^A,u_B^A\}$ 表示。

定义 3.15（相对信任评价） 节点 A 与节点 B 之间信任程度的数值量化，同样由绝对可信度、绝对不可信度和不确定度三部分组成，书中用 $\omega_{A,B}=\{b_{A,B},d_{A,B},u_{A,B}\}$ 表示。

定义 3.16（系统） 模型应用的内部环境。

定义 3.17（事件） 造成节点期望值变动的一系列行为。

定义 3.18（事件权重） 当前事件的重要程度，即信任主体对当前事件的认知程度。书中用 V 来表示，其中 $V\in[0,1]$。当前事件越重要，事件权重越大，计算规则参见文献[67]。依据模型应用的具体系统，选取分界点 V_1 和 V_2，将事件划分为如下三种情况:

$$\begin{cases}V\in[0,V_1], & \text{当前事件重要程度较低}\\ V\in(V_1,V_2), & \text{当前事件重要程度一般}\\ V\in[V_2,1], & \text{当前事件重要程度较高}\end{cases} \tag{3.40}$$

另外，书中对所有节点按其期望值 E 进行分类，划分为绝对可信节点、一般可信节点、临界可信节点和不可信节点四类[68]，其具体定义如下。

定义 3.19（绝对可信节点） 依据节点间长期交互形成的经验判断，此类节点无论提供服务还是对其他节点提供推荐行为，均具有高可信度。信任网络中所有的绝对可信节点构成绝对可信节点集合。

定义 3.20（一般可信节点）　依据节点间交互形成的经验判断，此类节点提供服务或者对其他节点提供推荐行为时，可信程度一般。信任网络中所有的一般可信节点构成一般可信节点集合。

定义 3.21（临界可信节点）　依据节点间交互形成的经验判断，此类节点提供服务或者对其他节点提供推荐行为时，其他节点没有充足的理由判断其是否可信。信任网络中所有的临界可信节点构成临界可信节点集合。

定义 3.22（不可信节点）　依据节点间长期交互形成的经验判断，此类节点无论提供服务还是对其他节点提供推荐行为，均不具有可信性。信任网络中所有的不可信节点构成绝对不可信节点集合。

不可信节点、临界可信节点、一般可信节点和绝对可信节点分别对应如下四种期望值区间：$0 \leqslant E < E_1$、$E_1 \leqslant E < E_2$、$E_2 \leqslant E < E_3$和$E_3 \leqslant E \leqslant 1$。其中，$E_1$、$E_2$、$E_3$的具体取值由模型应用的具体系统决定。

3.3.2　双向信任关系与信任决策

一般地，信任是相互的，且具有不对称性，即节点 A 对节点 B 有信任评价 $\omega_B^A = \{b_B^A, d_B^A, u_B^A\}$，相应地，节点 B 对节点 A 也有信任评价 $\omega_A^B = \{b_A^B, d_A^B, u_A^B\}$。如图 3.13 所示，假设节点 A 与节点 B 之间都存在对对方的信任评价且信任评价是不对称的。节点 A 对节点 B 的信任评价决定此次事件中 A 对 B 提供服务的主观信任程度；节点 B 对节点 A 的信任评价决定推荐信息的可靠程度。此时，如何平衡二者之间的信任差异就成为决定双方是否进行交互的关键。在此基础上，将原有的单向信任关系扩展为双向信任关系，并取 A、B 之间的相对信任评价 $\omega_{A,B}$，后面所有的运算规则，都是以相对信任评价为前提的。

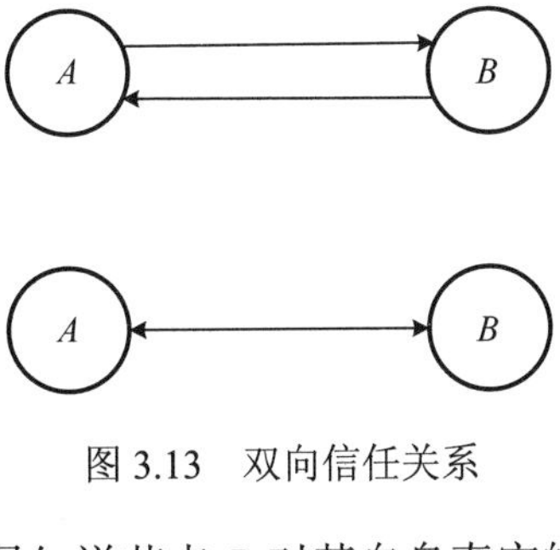

图 3.13　双向信任关系

一般情况下，节点 A 不易知道节点 B 对其自身真实的信任评价，有时节点 B 会出于对自身利益的考虑而给出不符合真实评价的信任值，即 $\omega_{A\text{真实值}}^B \neq \omega_{A\text{评价值}}^B$，此时，就要取 A、B 之间的相对信任评价。针对 $\omega_{A,B}$ 的取得给出如下三种信任决策规则，决策的选取由事件权重和当前系统共同决定。一般地，当前事件越重要，事件权重越大，相应的信任评价越谨慎。依据模型应用的当前系统，选取合适的V_1和V_2值，有如下选择：

$$\begin{cases}乐观策略, & V\in[0,V_1]\\ 中立策略, & V\in(V_1,V_2)\\ 悲观策略, & V\in[V_2,1]\end{cases} \tag{3.41}$$

三种信任决策规则如下。

（1）乐观策略。本策略适合当前事件权重较低（$V_i\in[0,V_1]$），当前选择可以冒险的情况。

$$\begin{cases}b_{A,B}=\max(b_B^A,b_A^B)\\ d_{A,B}=\min(d_B^A,d_A^B)\\ u_{A,B}=1-b_{A,B}-d_{A,B}\end{cases} \tag{3.42}$$

（2）悲观策略。本策略适合当前事件权重较高（$V_i\in[V_2,1]$），当前选择需要谨慎的情况。

$$\begin{cases}b_{A,B}=\min(b_B^A,b_A^B)\\ d_{A,B}=\max(d_B^A,d_A^B)\\ u_{A,B}=1-b_{A,B}-d_{A,B}\end{cases} \tag{3.43}$$

（3）中立策略。本策略适合当前事件权重一般（$V_i\in(V_1,V_2)$），当前选择中立的情况。

$$\begin{cases}b_{A,B}=\alpha b_B^A+\beta b_A^B\\ d_{A,B}=\alpha d_B^A+\beta d_A^B\\ u_{A,B}=1-b_{A,B}-d_{A,B}\end{cases} \tag{3.44}$$

式中，α、β 满足 $0\leqslant\alpha\leqslant1$、$0\leqslant\beta\leqslant1$ 且 $\alpha+\beta=1$。例如，可取 $\alpha=\beta=0.5$。

3.3.3　信任网络搜索

信任主体若想得到对信任客体的综合信任评价，首先就要构造信任网络，得到信任网络推荐关系图，依据信任网络推荐关系图和模型中信任评价的计算规则，最终得到信任主体对信任客体的综合评价。假定本模型中信任网络推荐关系以表的形式存储。以图 3.13 为例，表中存储的信任关系如表 3.10 所示。

表 3.10　信任关系存储

资源	目标	信任	不信任	不确定	直接交互
A	B	b_B^A	d_B^A	u_B^A	1
B	A	b_A^B	d_A^B	u_A^B	1

3.3.4　Jøsang 信任模型中洪泛搜索存在的问题

（1）Jøsang 信任模型中信任搜索采用简单洪泛算法，即信任主体对邻居节点进行广播询问，得到消息的节点对其自身的邻居节点再次进行广播询问，直到找到信任客体，但是由于信任网络中存在朋友圈的重叠等问题，会出现如下的信任网络推荐关系图。

图 3.14 的信任关系中，存在路径依赖问题，Jøsang 主观逻辑中认为两个节点之间若存在直接的交互经验，则此时信任主体对信任客体的信任评价不需要依赖第三方的推荐信任。例如，图 3.14 中推荐实体 *B* 与推荐实体 *D* 之间存在直接交互，此时推荐实体 *B* 对推荐实体 *D* 的信任评价不需要考虑推荐实体 *C* 的推荐信息。

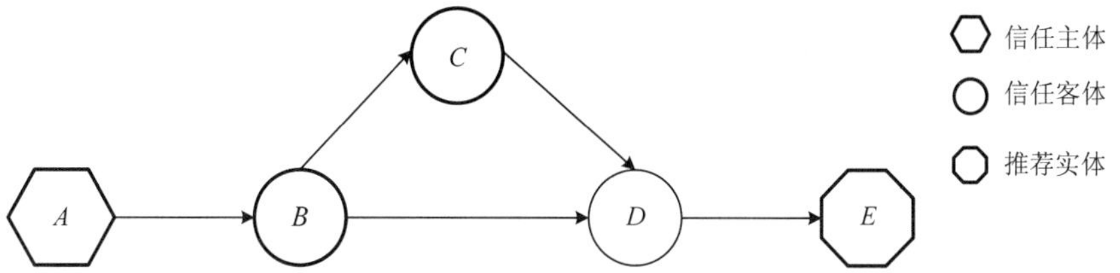

图 3.14　信任关系中的路径依赖问题

图 3.15 的信任关系中，信任路径由信任主体出发，经由若干推荐实体的依次推荐，最终回溯到信任主体，形成了不包含信任客体的信任环。此过程中，最终没有形成有效的信任主体到信任客体的信任路径。

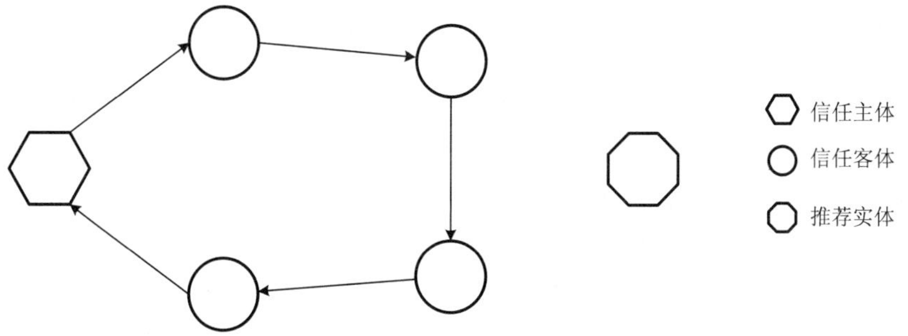

图 3.15　信任关系中的信任环问题

（2）信任推荐关系图中通常存在多条由信任主体到信任客体的信任路径。此时，一个具有挑战性的问题是如何找到最优的信任路径使其产生最值得信赖的评价结果。

（3）文献[63]的搜索算法虽然最终得到了有效的信任网络推荐关系图，但存在高计算复杂度的问题。

3.3.5　信任网络搜索算法

针对信任网络中朋友圈的重叠问题，新的信任网络搜索算法中，采用对接收到消息的节点进行集合添加的策略，加入集合内的节点不再接受询问请求。针对 3.3.4 节中的问题（2），提出了一种双阈值的方法，通过阈值筛选来选取出信任度较高的节点，控制节点数目，以期得到最优的信任路径。

信任搜索之前，通过双阈值筛选，得到简化的信任网络关系，具体操作如下。

（1）节点阈值筛选，即参与推荐的节点需达到一定的信任期望值，才具备推荐资格，若节点期望值过低，则认为此节点的可信程度不高，会导致推荐的不可信度过高，形成的推荐路径无效。因此，这里设定一个节点阈值 E_0，对所有节点按其期望值 E 进行分类，若节点期望值 E 超过阈值 E_0，则认为该节点具备推荐资格，否则，该节点不具有推荐资格。一般地，$E_0 \geqslant 0.5$。

（2）事件阈值筛选，即当前事件越重要，越要确保参与推荐的节点具有高期望值，这样形成的信任网络才具有高可信度。依据当前事件权重 V 对具备推荐资格的节点集合进行二次筛选，得到最终具备推荐资格的节点集合。筛选完成之后，有如下对应关系：

$$\begin{cases} \text{绝对可信节点集合、一般可信节点集合、临界可信节点集合，} & V \in [0, V_1] \\ \text{绝对可信节点集合、一般可信节点集合，} & V \in (V_1, V_2) \\ \text{绝对可信节点集合，} & V \in [V_2, 1] \end{cases} \tag{3.45}$$

双阈值筛选完成之后，得到可最终参与推荐的有效节点，之后进入搜索阶段。信任网络搜索开始之前，首先定义路径节点集合 $S(P)$和路径深度变量 $D(P)$。

定义 3.23（路径节点集合 $S(P)$）　设 $S(P_i) = \{v_{i0}, \cdots, v_{ij}, \cdots, v_{im}\}$（$i \in [1, n]$，$j \in [0, m]$）为第 i 条信任路径上的节点集合，其中，起始节点为 v_{i0}，终止节点为 v_{im}，节点 v_{ij} 为第 i 条路径上的第 j 个节点。初始时 $S(P_i) = \{v_{i0}\}$，搜索开始后将每次成功搜索到的节点添加到集合 $S(P_i)$ 内，且集合内的节点不再接收以后的询问请求。

定义 3.24（路径深度变量 $D(P)$）　设 $D(P)$为允许搜索的最大路径深度。依据 Milgram 的六度空间理论[69]，认为链长大于 6 的信任链已不具备传递资格，因此初始时设 $D(P) = 6$。每进行一次搜索，$D(P)$都要进行减一操作，若成功搜索到信任客体，搜索成功，则此次搜索结束；否则搜索继续，直到 $D(P)$减为 0 时，此次搜索结束。

搜索开始时，首先信任主体向其有效的邻居节点发出询问请求，若接收到询问请求的节点和信任客体有直接交互经验，则此条路径形成；若不存在直接交互经验，则此节点依据规则向没有接收过询问请求的邻居节点进行广播询问，以此类推，直到找到信任客体或当前搜索结束。

算法描述前，首先定义路径标志量为 Q，其中 $Q = \{0, 1\}$。定义 q 为路径标志值，当 $q = 0$ 时，表示当前没有搜索到有效的信任路径；当 $q = 1$ 时，表示当前搜索成功，存在信任主体到信任客体的有效路径，此后搜索停止。初始时，设路径标志值 $q = 0$。

算法步骤如下。

（1）信任主体 v_{i0} 向其具有推荐资格的邻居节点发送询问请求，同时发送每条路径的初始路径节点集合信息、初始路径深度信息及当前的路径标志值。

（2）邻居节点收到询问请求后，首先检查自身是否是信任客体 v_{im}，若是则将当前节点加入此条路径的节点集合 $S(P)$，对此条路径的深度变量 $D(P)$进行减一操作，并取路径标志值 $q=1$，此次搜索结束，信任路径形成；若不是，则检查自身是否存在信任客体的推荐信任信息，若存在则同样将当前节点加入此条路径的节点集合 $S(P)$，对此条路径的深度变量 $D(P)$进行减一操作，并保持路径标志值 $q=0$ 不变。

（3）检查变量 $D(P)$是否为 0，若为 0，则停止发送询问请求信息，此条路径搜索失败；若不为 0，则当前节点继续向其具有推荐资格且没有加入路径节点集合的邻居节点转发询问请求，之后转步骤（2）。

信任搜索完成之后，形成由 $n(n\geqslant 1)$条信任路径组成的，由信任主体到信任客体的信任网络推荐关系图，如图 3.16 所示。

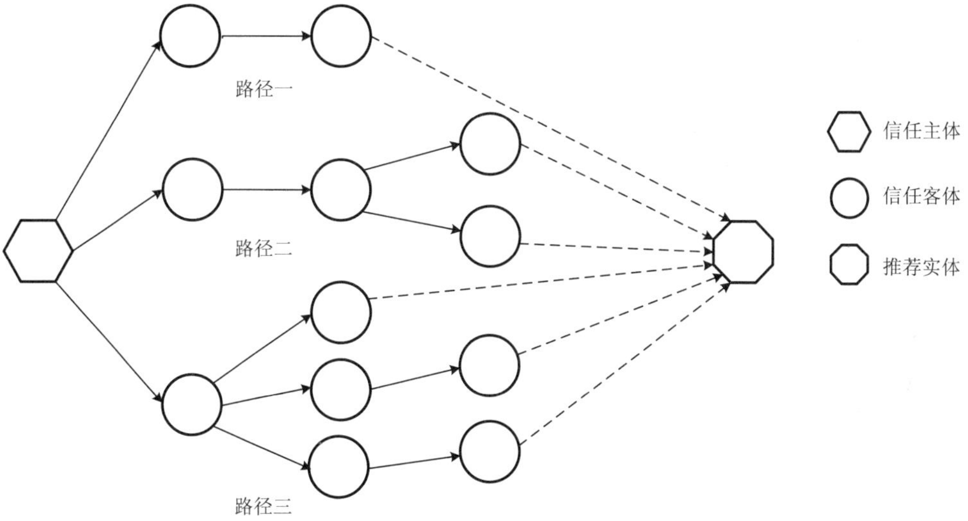

图 3.16　信任网络推荐关系图

如图 3.16 中路径一所示，若每次搜索过程中只有一个节点加入节点集合，即加入集合 $S(P)$的节点个数 x 与变量 $D(P)$进行减一操作的次数 y 相同，此时有

$$\begin{cases} x=y \\ |S(P_i)|=|S(P_0)|+x=1+x \Rightarrow |S(P_i)|=7-D(P_i) \\ D(P_i)=D(P_0)-y=6-y \end{cases} \tag{3.46}$$

若集合 $S(P)$和变量 $D(P)$满足式（3.46），则称信任路径 i 是无环的。无环的信任路径按照信任传递的计算规则逐步计算其信任评价。

如图 3.16 中路径二、三所示，若某次搜索过程中不止一个节点加入节点集合，即加入集合 $S(P)$的节点个数 x 大于变量 $D(P)$进行减一操作的次数 y，此时有

$$\begin{cases} x > y \\ |S(P_i)| = |S(P_0)| + x = 1 + x \Rightarrow |S(P_i)| > 7 - D(P_i) \\ D(P_i) = D(P_0) - y = 6 - y \end{cases} \tag{3.47}$$

若集合 $S(P)$和变量 $D(P)$满足式（3.47），则称信任路径 i 是有环的。针对有环的信任路径，要先局部传递，再局部聚合，即将有环部分的信任网络看成一个局部的信任主体到信任客体多条传递路径的聚合过程。按照计算规则，先进行局部信任评价的计算，再将多条传递路径的信任评价进行聚合计算，如图 3.17 所示。

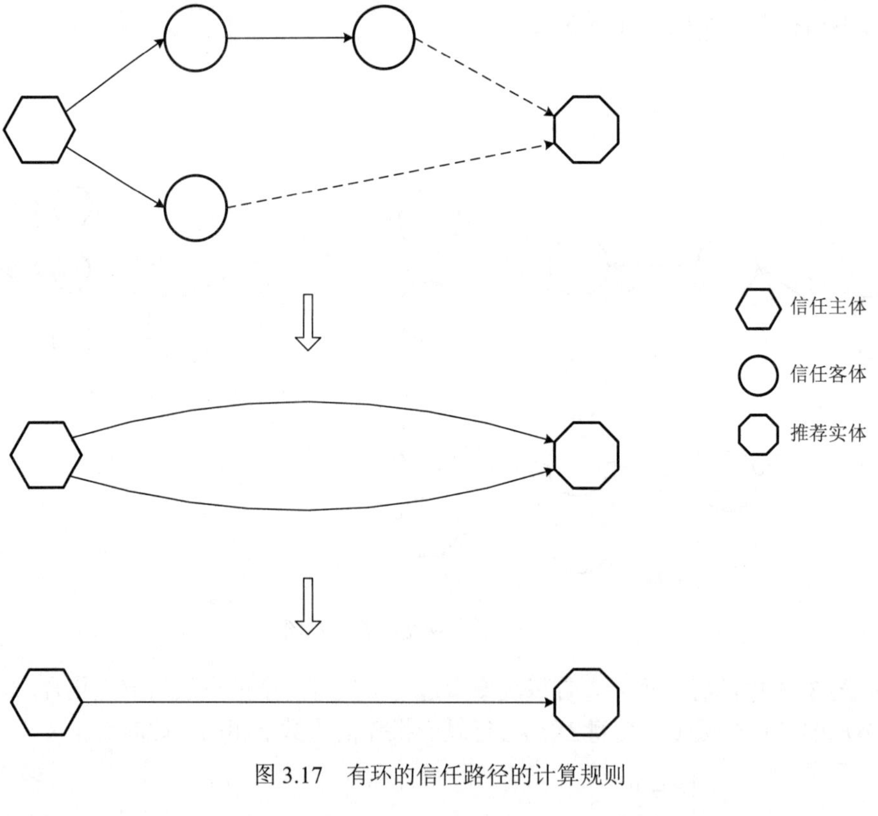

图 3.17　有环的信任路径的计算规则

信任搜索算法的时间复杂度是由参与推荐的网络节点规模和路径的复杂程度共同决定的。假设当前信任网络中节点总数为 X 且其期望值呈 $N(0.5,\sigma^2)$的正态分布，若此时事件权重为 V $(0.5<V<1)$，则期望值大于事件权重 V 的节点数目所占的比例为 $f(V)=1-\Phi\left(\dfrac{V-0.5}{\sigma}\right)=1-\dfrac{1}{\sqrt{2\pi}}\int_{-\infty}^{V}\mathrm{e}^{-\frac{(t-0.5)^2}{2\sigma^2}}\mathrm{d}t$。此事件权重下，一般算法中参与推荐的

网络节点规模为 X，而本算法采用双阈值筛选策略，此时参与推荐的网络节点规模为 $f(V)X$，两数字对比说明本算法设定的双阈值策略，在高事件权重下，缩减了节点数目，相应的网络规模变小。另外，对已接受消息的节点进行集合添加操作，使得节点不再重复接受询问请求，简化了信任网络中推荐关系的复杂程度。另外，假设信任网络中每个节点的平均邻居节点个数为 N，每两个节点的平均重复邻居节点个数为 $M(M<N)$，信任网络的平均路径深度为 L，一般算法中每个节点的所有邻居节点都要进行询问请求，平均访问深度为 L，因此其时间复杂度为 $O(N^L)$。信任搜索算法中对重复的邻居节点进行集合添加操作，每次只对未接受请求的非重复邻居节点进行询问，因此其时间复杂度为 $O((N-M)^L)$。两数字对比说明本算法较之一般算法具有低时间复杂度。

信任搜索完成之后，产生有效的信任网络推荐关系图，依据信任网络推荐关系图和信任评价的计算规则，先通过传递算子计算每条传递路径上的信任评价，最后通过聚合算子得到信任主体对信任客体的综合评价。下面详细介绍改进后的信任传递和聚合算子。

3.3.6　信任传递

不同的事件权重，节点之间的信任评价是不同的。例如，当前事件权重较低时，此时节点 A 认为节点 B 能给他推荐一个很好的结果，但当事件改变，权重增大时，并不意味着此时节点 A 同样信任节点 B 能给他推荐一个很好的结果。因此，在计算传递信任时要考虑事件权重对当前评价的影响。另外，针对 Jøsang 的传递算子中，最终的信任评价与节点 A 对节点 B 的绝对不可信度 d_B^A 无关这一问题，在原有传递算子的基础之上进行改进，提出了新的传递算子。新的传递算子是在双向信任关系基础之上进行考虑的，因此传递过程如图 3.18 所示。其中，A 为信任主体，B 为推荐实体，T 为信任客体。A 与 B、B 与 T 之间的信任是相互的，且为不对称的。经由 B 的推荐，最终得到 A 对 T 单方面的信任评价。

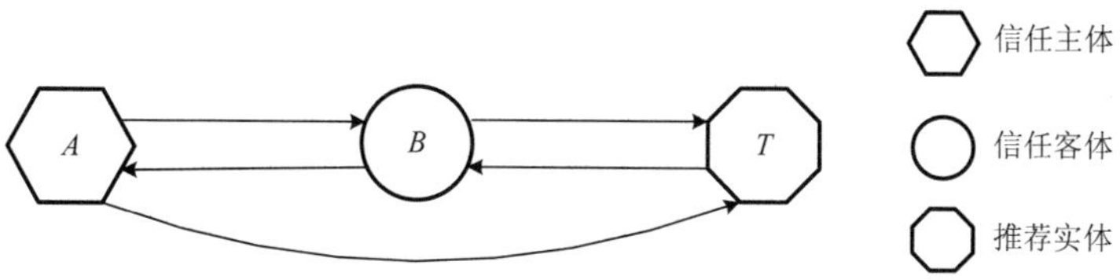

图 3.18　信任传递过程

信任传递的计算过程一共分为三步。

（1）取节点间的相对信任评价。三种信任决策见 3.3.2 节。

（2）考虑事件权重对信任评价的影响，设其影响系数为 η，η 作用于 A、B 之间。假设当前事件为第 i 次事件，其事件权重为 V_i（其中，$i\in[1,n]$），V_j（其中，$i\neq j$

且 $j \in [1, n-1]$）表示前 $i-1$ 次事件中事件权重的最大值，即 $V_j = \max\{V_1, V_2, \cdots, V_{i-1}\}$；另外，当 $i=1$ 时，$V_j = 0$。用 V_j 和 V_i 进行比较，若 $V_i \leqslant V_j$，即当前事件没有以往事件重要，则此时影响系数为 1，即之前高事件权重下的信任评价同样适用于当前具有低权重的事件；若 $V_i \geqslant V_j$，即当前事件比前 $i-1$ 次事件都重要，则之前低事件权重下的信任评价已经不适用于当前具有高事件权重的事件，当前事件权重对此时的信任评价具有一定的影响。

因此，η 有如下取值：

$$\eta = \begin{cases} V_j / V_i, & V_i > V_j, V_j \neq 0 \\ 1, & V_i \leqslant V_j \text{ 或 } V_j = 0 \end{cases} \tag{3.48}$$

考虑事件权重后的信任评价为

$$\begin{cases} b^1_{A,B} = \eta b_{A,B} \\ d^1_{A,B} = \eta d_{A,B} \\ u^1_{A,B} = 1 - b_{A,B} - d_{A,B} \end{cases} \tag{3.49}$$

（3）进行折扣运算。假设节点 A 对节点 T 的信任评价为 $\omega^A_T = \{b^A_T, d^A_T, u^A_T\}$。我们认为，信任评价经由推荐产生变化，是因为节点 B 与节点 T 之间的直接认识，经由节点 B 推荐之后变为节点 A 对节点 T 的间接认识，推荐期间发生了折扣。设折扣系数为 M，则

$$\begin{cases} b^A_T = M b_{B,T} \\ d^A_T = M d_{B,T} \\ u^A_T = 1 - b^A_T - d^A_T \end{cases} \tag{3.50}$$

式中，折扣系数 $M = E^1_{A,B}$。

Jøsang 主观逻辑的传递算子中，取折扣系数为 b^A_B，即节点 A 对节点 B 的绝对可信度。Jøsang 主观逻辑中认为不确定度 u 的存在是由于事件未进行完全或缺乏完整证据而造成的不确定性。随着认识的不断加深，组成 u 的部分最终会分配到 b 或者 d 中。此时折扣系数取 b^A_B，显然忽视了 u 中潜在的可信度 b 对决策的影响，期望值 $E = b + au$ 代表 A 与 B 之间可信度可能取得的最大值。以 E 来作为折扣算子更加合理。

通过表 3.11 和表 3.12 所示的对比实例说明以上观点。两组数据中假设先验概率 a 均为 0.8，且节点 B 与节点 T 之间的信任表示相同。

表 3.11　传递算子对比（一）

	b	d	u
A、B 之间信任表示	0.15	0.80	0.05
B、T 之间信任表示	0.90	0.10	0
Jøsang 传递方法	0.135	0.015	0.85
新的传递方法	0.171	0.019	0.81

表 3.12　传递算子对比（二）

	b	d	u
A、B 之间信任表示	0.15	0.05	0.80
B、T 之间信任表示	0.90	0.10	0
Jøsang 传递方法	0.135	0.015	0.85
新的传递方法	0.711	0.079	0.21

分析以上两组数据，可以看出 A、B 之间的信任表示具有很大差异：第一组数据中，A、B 之间具有较高的绝对不可信度，且具有较低的期望值（$E=b+au=0.19$）。第二组数据中，A、B 之间具有较高的不确定度，但具有较高的期望值（$E=b+au=0.79$），同时 B、T 之间具有较高的绝对可信度。依据惯例，节点 A 对节点 T 应具有较高的绝对可信度，Jøsang 的传递算子不符合这一规律。另外，以上两组数据解释不同，但依据 Jøsang 的传递算子，两组数据传递结果一致，显然不符合常理。改进后的传递算子更具合理性。

3.3.7　信任聚合

针对 Jøsang 信任模型的聚合过程没有考虑事件权重这一问题，提出了新的聚合算子，新算子包含三种策略，即悲观策略、乐观策略和中立策略。具体操作见式（3.42）～式（3.44）。新聚合算子充分考虑事件权重对信任评价的影响。

3.3.8　信任评价的动态更新

随着时间的流逝和交互的进行，要对原有的信任评价进行动态的更新操作[70,72]，保证信任评价具有时效性，更加符合客观实际。

随着时间的流逝，信任主体对信任客体的信任评价会产生时间衰减。评价产生的时间距离当前时间越远，此评价的可参考性越低，对决策的影响越小；距离当前时间越近，此评价越具有真实性，可参考性越高，对决策的影响越大。

因此，设 λ 为某一时间段内的时间衰减因子，有

$$\lambda=\mathrm{e}^{-k\left\lfloor\frac{t-t_0}{T}\right\rfloor} \tag{3.51}$$

式中，k 代表调节因子，用来调节衰减的快慢，由系统来制定；t 代表当前时间点，t_0 代表信任评价产生的时间点；T 代表评价的时间周期，由评价本身来制定。

若在 t_0 时刻信任主体对信任客体的信任评价为 $\omega_0=\{b_0,d_0,u_0\}$，则经过时间衰减后的信任评价 $\omega=\{b,d,u\}$ 为

$$\begin{cases} b=\lambda b_0 \\ d=\lambda d_0 \\ u=1-\lambda(b_0+d_0) \end{cases} \tag{3.52}$$

信任主体和信任客体完成直接交互后，信任主体对信任客体产生直接的信任评价，另外，信任主体对推荐实体的信任评价也要进行相应的更新操作。

信任主体对信任客体信任评价的更新操作依据最终的交互结果。主客体进行交互后，产生最新的肯定事件数 r 和否定事件数 s。此时，信任主体依据主观逻辑的映射函数对信任客体产生直接的信任评价。

信任主体对推荐实体信任评价的更新操作也依据最终的交互结果。若交互结果在预期期望范围之内，即肯定事件数 r 和否定事件数 s 满足 $(r+s)b \leqslant r \leqslant (r+s)(b+u)$ 且 $(r+s)d \leqslant s \leqslant (r+s)(d+u)$，则认为此次推荐行为成功，推荐实体提供了一次符合预期的推荐行为，此时信任主体对推荐实体进行信任奖励；若交互结果偏离预期期望范围，即肯定事件数 r 或否定事件数 s 不符合上述公式，则认为此次推荐行为失败，推荐实体不能提供符合预期的推荐行为。此时，信任主体对推荐实体进行信任惩罚。

信任奖励的计算规则为

$$\begin{cases} b' = b + u\theta \\ d' = d \\ u' = 1 - b' - d' \end{cases} \tag{3.53}$$

式中，θ 为奖励因子，θ 的取值呈分段函数，依据事件权重有

$$\begin{cases} \theta = c_1, & V \in [0, V_1] \\ \theta = c_2, & V \in (V_1, V_2) \\ \theta = c_3, & V \in [V_2, 1] \end{cases} \tag{3.54}$$

式中，V_1 和 V_2 的选取，依据模型应用的具体系统，另外，有 $0 \leqslant c_1 < c_2 < c_3 \leqslant 1$ 且 c_1、c_2、c_3 的选取由系统来制定。一般地，当前事件权重越大，信任奖励的幅度越大。

信任惩罚的计算规则为

$$\begin{cases} b' = b \\ d' = d + u\sigma \\ u' = 1 - b' - d' \end{cases} \tag{3.55}$$

式中，σ 为惩罚因子，满足 $\sigma = c_4 a^{(V-1)}$。其中，c_4 为控制因子，用来控制当前系统环境中惩罚的最大程度，有 $c_4 \in [0,1]$ 且 c_4 的选取由系统来制定；a 为调节因子，用来调节当前信任惩罚曲线的陡峭程度，a 为常数且其取值由当前系统制定；V 为当前的事件权重。一般地，当前事件权重越大，信任惩罚的幅度越大。

3.3.9 仿真实验及其分析

在 PeerSim 下实现仿真，将基于扩展主观逻辑的动态信任模型与 Jøsang 信任模型进行对比实验，以验证其有效性。PeerSim 作为一个模拟 P2P 网络的软件，支持结构化和非结构化 P2P 两种结构的网络模拟。目前的 PeerSim 共有两种模拟方式，即 cycle-based 和 event-driven。event-driven 模式相对精确，它是一个简化的模型，相比 cycle-based 具有更好的性能及伸缩性。在拥有 4GB 内存的情况下，event-driven 模式

目前最多支持十万节点级别，而 cycle-based 模式可以支持千万个节点级别。cycle-based 模型也同样存在一些缺陷，如缺少对传输层的仿真和并行处理等。PeerSim 本身不带任何具体的协议实现，但是提供了很好的扩展性，其本身采用 Java 语言实现。

本次用 Java 语言编程实现基于扩展主观逻辑的动态信任模型与 Jøsang 信任模型的对比，设想的应用场景为文件共享系统，即用户通过信任搜索找到相应的目标节点，并下载其所需的文件。若文件下载成功且下载文件真实可信，则认为此次交互成功；否则交互失败。假定文件共享系统是理想的，即用户的行为较为简单，任意用户可以找到任意文件，且可以从声称拥有该文件的节点中选择出具有最高信任评价的节点，并与之进行交互。

本次实验选取交互成功率、节点期望值和计算开销三方面进行对比。另外，实验设定网络节点规模为 1000，且总数为 1000 的文件随机分布在节点上，每个节点存在 10 个邻居节点，每次仿真交互包含 20 次文件下载任务，每次下载过程中主体节点任意选择一个节点进行文件下载，成功下载的次数占总次数的比例构成此次交互的交互成功率。初始状态下，绝对可信节点、一般可信节点、临界可信节点和不可信节点所占的比例分别为 5%、15%、30%和 50%。实验中仿真参数设定及其取值如表 3.13 所示。

表 3.13　参数设定及其取值

	V	V_1	V_2	E_1	E_2	E_3	E_0	V_0	α	β	θ	σ	k	T
CASE 1	0.15	0.30	0.70	0.50	0.75	0.90	0.50	0.15	0.50	0.50	0.20	0.60	1	1
											0.15	0.80		
CASE 2	0.50	0.30	0.70	0.50	0.75	0.90	0.50	0.50	0.50	0.50	0.20	0.60	1	1
											0.15	0.80		
CASE 3	0.85	0.30	0.70	0.50	0.75	0.90	0.50	0.85	0.50	0.50	0.20	0.60	1	1
											0.15	0.80		

首先，考虑构造双向信任关系和事件权重对交互成功率的影响，图 3.19 给出了三种不同事件权重下考虑双向信任关系后的基于扩展主观逻辑的信任评价模型和只考虑单向信任关系的 Jøsang 主观逻辑信任模型随着交互次数不断增加的变化情况。

分析图 3.19 中数据可以看出，随着交互次数的不断增加，两模型的交互成功率均呈上升的趋势。因为随着交互次数的增加，节点之间的了解不断深入，不确定度 u 随之减少，信任主体对信任客体的认识加深，做出的评价更加符合实际情况。因此，交互成功率呈上升趋势。同一交互次数下，从两模型交互成功率的纵向对比可以看出，本信任评价模型均有高于 Jøsang 信任评价模型的交互成功率，因为本信任评价模型中，针对信任具有的相互性和不对称性，将原有的单向信任关系扩展为双向信任关系，此关系中充分考虑推荐信息的可信程度，并在双向信任关系的基础上取节点之间的相对信任评价，较之单向信任关系，此评价充分考虑信任本身具有的特性，更加符合实际情况，因此具有高交互成功率。另外，从图中三条本信任评价模型中的数据对比可以看出，交互次数一定时，交互成功率的大小与事件权重有关。事件权重越大，交互成功率越高；相应地，事件权重越小，交互成功率越低。因为新的信任评价模型中设计了信任更新部分，依据交互结果对参与推荐的节点进行奖励和惩罚措施，对促使此次交易成功的节点进行信任奖励；相应地，对促使此次交易失败的节点进行信任惩罚。事件权重越大时，信任奖励和惩罚的力度也随之增大，这有效地剔除了恶意节点，抑制了此类节点的恶意欺诈，保证了参与推荐的节点均具有高可信度，其推荐的信息具有高可信性，因此保证交互具有高交互成功率。

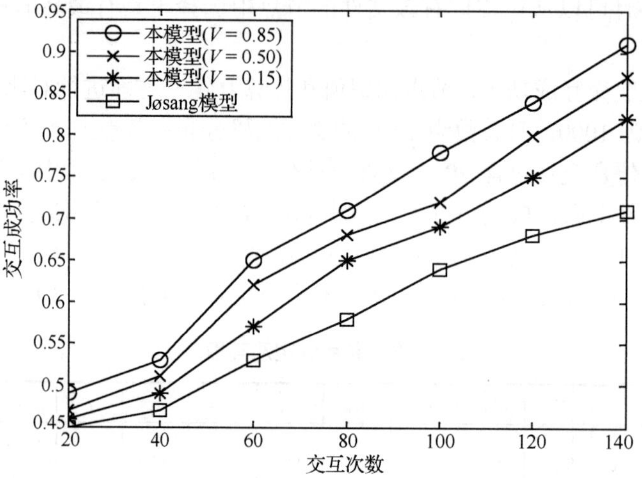

图 3.19　交互成功率随交互次数增长的变化情况

另外，图 3.20 给出了交互成功率随事件权重的变化情况。

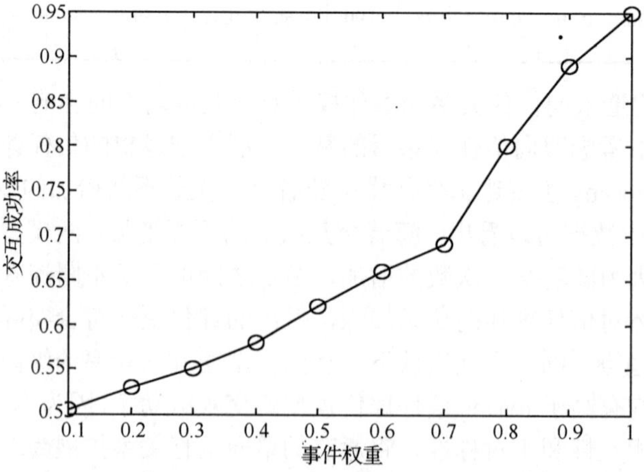

图 3.20　交互成功率随事件权重增长的变化情况

分析图 3.20 中曲线变化可以看出，随着事件权重的不断增加，交互成功率也呈上升趋势，因为本模型中设计信任更新部分，对促使交互成功的节点进行信任奖励，并对促使交互失败的节点进行信任惩罚，有效地淘汰具有低可信度的节点，以此保证提供的服务具有高交互成功率，同时信任网络搜索算法中设定的事件阈值，在高事件权重下，有效地剔除了具有低可信度的节点集合，同样保证参与推荐的节点提供的服务具有高可信性，进而保证高事件权重下，具有较高的交互成功率；另外，曲线开始时，增长缓慢，后期随着事件权重的不断增加，曲线增长变陡，因为随着事件权重的不断增加，事件越来越重要，参与推荐的节点集合其可信性越来越高，同时对促使交互失败的节点惩罚力度越来越大，保证参与推荐的节点集合的可信性越来越高，进而使高事件权重时具有比低事件权重时较高的交互成功率。

图 3.21 给出了恶意节点存在的情况下，三种不同事件权重的交互成功率对比情况，实验中假设恶意节点提供的信息不具有完全可信性，且总是以 50%的比例提供不真实的文件，图 3.21～图 3.23 中本模型 1 代表奖励因子 θ=0.15、惩罚因子 σ=0.80 情况下的实验曲线，本模型 2 代表奖励因子 θ=0.20、惩罚因子 σ=0.60 情况下的实验曲线。具体实验结果如下。

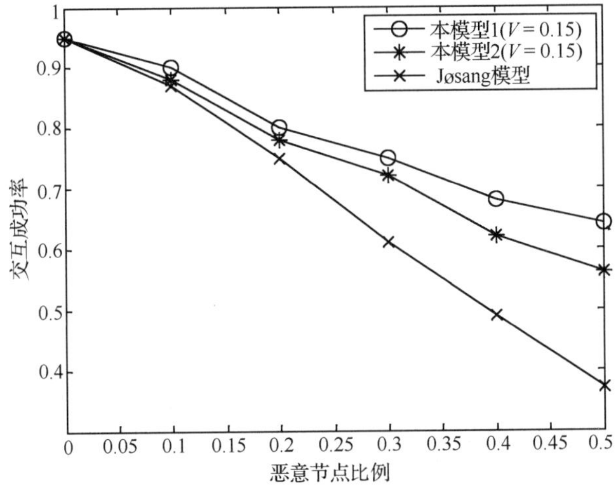

图 3.21 V=0.15 时恶意节点比例对交互成功率的影响情况

从图 3.21～图 3.23 的两模型的对比分析中，恶意节点比例为 0 时，两种模型均有较高的交互成功率，因为此时无恶意欺诈，所有节点均提供真实可靠的文件，且推荐信息是真实可信的；随着恶意节点比例的不断递增，两模型交互成功率均呈下降趋势，且 Jøsang 主观逻辑信任模型的下降趋势均大于新的信任评价模型，是因为 Jøsang 主观逻辑信任模型并没有考虑恶意节点的惩罚措施，有些恶意节点在上一交互周期内促使交互失败后，会在下一周期继续为主体节点提供服务，从而造成多次下载失败；新的信任评价模型中设计信任更新部分，及时根据交互结果对节点的信任评价进行更新操作，对促使交互成功的推荐节点进行信任奖励，使此类节点保持高可信性；同时，对促使交互失败的推荐节点进行信任惩罚，降低其可信度，有效剔除恶意节点，保证推荐信息的可信性和提供服务的真实性，从而保证新的信任评价模型具有较高的交互成功率。另外，Jøsang 主观逻辑信任模型中关于信任网络搜索过程中，只是对由于朋友圈的重叠而造成的路径依赖问题进行了分裂处理，并没有从根本上消除路径依赖关系，同时，也没有考虑事件权重对节点推荐资格的影响。新的信任评价模型中关于网络搜索过程，通过设定集合添加策略，从根本上解决了路径依赖问题，简化了信任网络推荐关系的复杂程度。通过节点阈值与事件阈值的设定，对网络中参与推荐行为的节点进行二次筛选，去除具有低信任评价的节点，保证参与推荐的节点具有高可信性。两种策略的设定同时保证了新的信任评价模型具有高交互成功率。

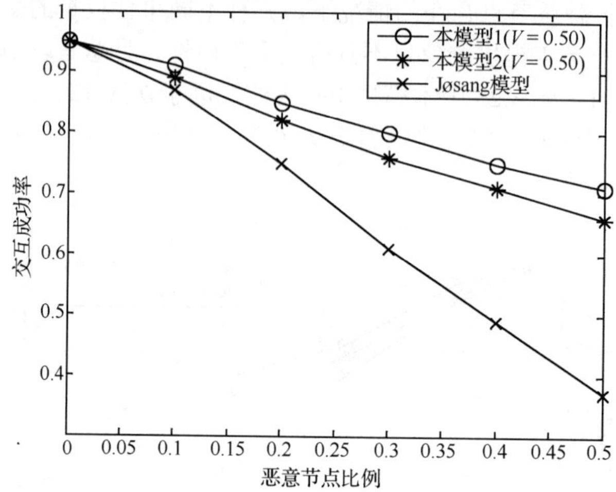

图 3.22　V=0.50 时恶意节点比例对交互成功率的影响情况

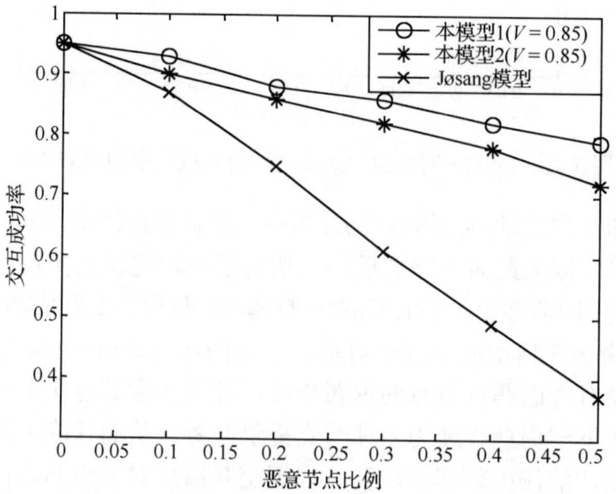

图 3.23　V=0.85 时恶意节点比例对交互成功率的影响情况

通过分析同一事件权重下，本模型中奖励与惩罚因子的取值对交互成功率的影响，可以发现，事件权重一定时，惩罚力度越大，交互成功率越高，因为较大的惩罚力度保证了提供服务的节点具有高准确性，从而保证此次服务具有高交互成功率；另外，图 3.21～图 3.23 中本模型数据的对比说明恶意节点比例一定时（比例大于 0），交互成功率的大小与事件权重有关。事件权重越大，交互成功率越高；事件权重越小，交互成功率越低。同样是因为新的信任网络搜索算法中设定的事件阈值，其取值随事件权重的增大而增大，高事件权重下，节点间的信任评价相对谨慎，保证节点推荐的信息具有高可信性，因此使节点具有高交互成功率，同时也保证最终的信任评价更具准确性。

仿真实验开始时，实验设定奖励因子$\theta = 0.20$、惩罚因子$\sigma = 0.60$，四类节点的初始期望值均为 0.50，绝对可信节点具有高可信度，交互成功率较高；一般可信节点的可信程度一般；临界可信节点其可信程度不稳定，时高时低；不可信节点总是提供虚假信息，不具有可信性。图 3.24 反映了四类节点随着交互次数的不断增加其期望值的变化情况。

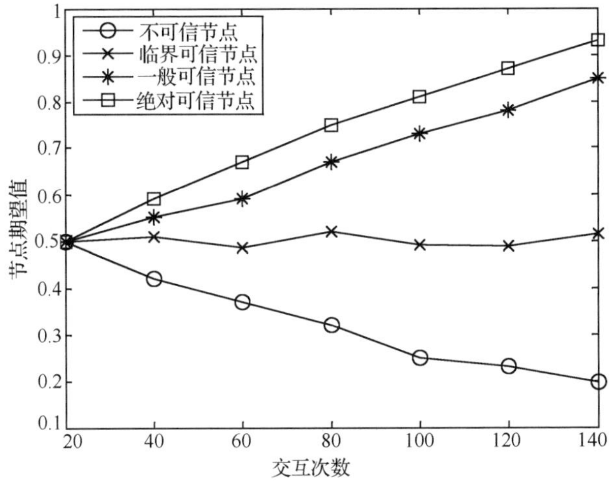

图 3.24　节点期望值随交互次数增长的变化情况

仿真实验数据显示，绝对可信节点的期望值随着交互次数的不断增加呈上升趋势，且增长迅速；一般可信节点的期望值也随着交互次数的不断增加而增长，但其增长趋势较绝对可信节点的趋势平缓；临界可信节点的期望值呈上下波动的趋势；不可信节点的期望值呈快速下降趋势。四类节点的期望值会有如此的变化情况，是因为主观逻辑中，节点间的信任评价源于上一交互过程中产生的肯定事件数 r 和否定事件数 s，另外新的信任网络搜索算法中设定双阈值筛选，保证具有高可信度的节点持续参与交互，同时剔除具有低可信度的节点。因此随着交互次数的不断增加，节点之间的了解不断深入，四类节点的期望值呈现如上的变化趋势；同时，在新的信任模型中，设定信任更新部分，对促使交互成功的节点进行信任奖励，并对促使交互失败的节点进行信任惩罚，这有效地区分了四类节点，防范了恶意节点的欺诈行为。

另外，实验设定奖励因子$\theta=0.20$、惩罚因子$\sigma=0.60$时，随机选取节点期望值为0.70的节点进行标记，并记录标记节点的期望值随时间的变化情况，实验中设定每次记录的时间间隔为T，且模型中除第5个时间段时，恶意节点的欺骗行为，导致当前的交互失败，其余时间段时，均交互成功。图3.25显示了三种事件权重下，标记节点的期望值随时间的变化情况。

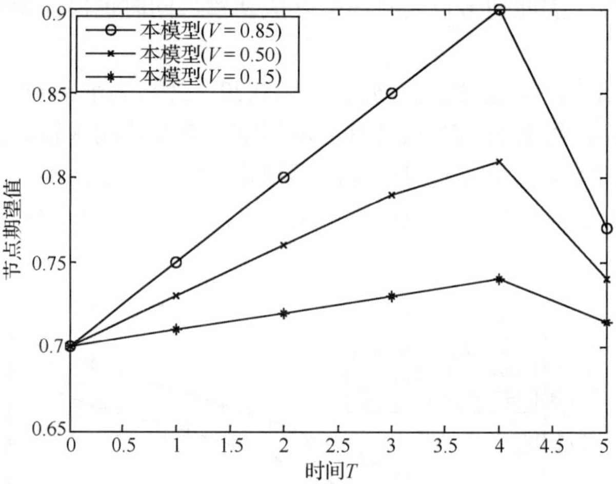

图 3.25　节点期望值随时间的变化情况

首先分析以上数据可以看出，三条曲线在前4个时间段时均呈上升趋势，且趋势平缓，第5个时间段内，三条曲线均呈下降趋势，且趋势过陡。因为模型中设定的信任更新部分，在交互成功时，对促使交互成功的节点进行信任奖励；在交互失败时，对促使交互失败的节点进行信任惩罚，导致曲线呈如上的变化趋势。另外，依据奖励因子和惩罚因子设定的函数，同一事件权重下，一次失败交互给定的惩罚要远大于一次成功交互给定的奖励，所以曲线下降部分较之曲线上升部分陡峭。

其次，同一时刻时，从三条曲线的纵向对比可以看出，节点期望值的增减幅度与事件权重有关，事件权重越大时，相应的奖励和惩罚的幅度也越大。因为依据奖励因子和惩罚因子设定的函数，节点期望值的奖励与惩罚幅度均与当前事件权重有关，即高事件权重时，一次失败的交互会对节点原有的认识造成很大的影响，造成节点间不可信度急剧增高，使当前的信任评价更加谨慎。当前事件权重较低时，一次失败的交互虽然也会对节点原有的认识造成影响，但其影响力小于高事件权重时。

搜索信任网络推荐关系图是产生计算开销的一个重要原因。信任网络中参与推荐的节点数越多，计算开销越大，因此，合理有效地简化网络推荐关系至关重要，图3.26反映了在节点总数一定的情况下，不同事件权重下计算开销的对比情况。

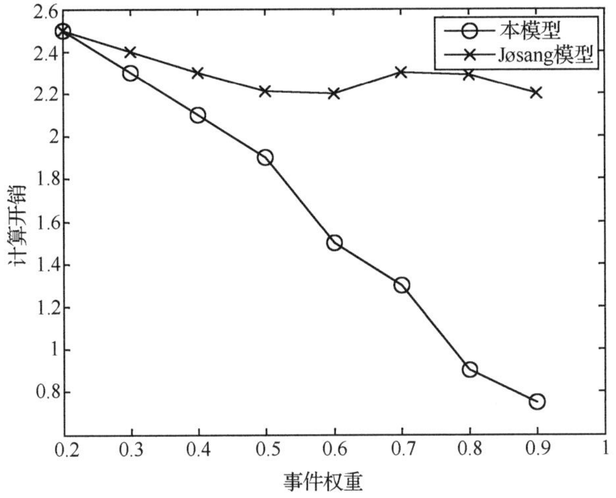

图 3.26　事件权重对计算开销的影响情况

Jøsang 主观逻辑信任模型中，并未考虑事件权重的影响，因此，此模型中判断节点是否参与交互只依赖于历史信任评价；而新的信任模型中认为，随着事件权重的增加，历史信任评价较低的节点不能提供可靠的推荐信息，这类节点已不具备推荐资格。因此设定双阈值筛选策略，对所有节点进行节点阈值和事件阈值筛选，保证参与推荐的节点均具有高可信度。事件权重越高，参与推荐的节点个数越少，相应的信任网络推荐关系图越简单，这不仅保证了推荐的高可信性，而且有效地抑制了恶意节点的推荐行为，使最终的信任评价更加符合实际情况，同时也缩减了计算开销。

3.3.10　小结

针对 Jøsang 主观逻辑信任模型中存在的问题，提出新的动态信任模型，新模型是对原有主观逻辑的一种扩展。具体工作如下。

（1）考虑信任具有的相互性和不对称性，将主观逻辑信任模型中原有的单向信任关系扩展为双向信任关系，并结合事件权重，给出相对信任评价的三种决策规则。

（2）提出基于扩展主观逻辑的动态信任模型，新模型中充分考虑事件权重对信任评价的影响，提出一种新的信任网络搜索算法，新算法是对简单洪泛的一种扩展，采用双阈值筛选和集合添加的策略，保证参与推荐的节点具有高可信性，同时降低信任网络推荐关系的复杂程度，节省了时间开销。

（3）在考虑事件权重的基础之上，对原有主观逻辑信任模型中的传递算子和聚合算子进行改进，使之更加符合实际。

（4）基于事件权重和信任的时间衰减，设计信任更新部分，包括信任的时间衰减、信任的奖励与惩罚，保证信任评价具有动态性。

3.4 本章小结

本章指出主观逻辑理论中存在的问题，并加以改进和扩展。通过案例分析和仿真实验说明了其合理性。主要工作如下。

（1）Jøsang 主观逻辑中基率 a 与不确定因子 C 为确定值（a=0.5，C=2），致使其不能动态变化。

（2）融合算子在证据高冲突情况下会产生不合理结果等问题，提出了动态主观逻辑模型，模型改进了 Jøsang 主观逻辑的证据映射算子、折扣算子和融合算子。

（3）考虑证据的时间因素对观点的影响，改进原主观逻辑模型中证据到观点的映射函数，使得计算结果更加可信。改进后的融合算子满足交换率和结合律，在应用到推荐信任的观点融合时，使之更加合理，并给出了严格的数学证明。

（4）通过建立直角坐标系，采用直线/曲线拟合算法勾勒观点的动态轨迹，能够更加直观地观察到观点在不同观察周期表现出的变化及发展趋势。

（5）针对不同应用环境，分别给出基率与不确定因子的动态化函数。

（6）把主观逻辑扩展到五元组，丰富了 Jøsang 的主观逻辑理论，并对其进行扩展与改进，使之更加合理和适合对电子商务进行信任建模。

（7）给出了信任网络的构建过程，定义了多项式主观观点，将观点之间的关系分为三种情况并给出了区分方法，分别是独立观点、依赖观点和部分依赖观点。

（8）把信誉和环境因素引入观点融合操作中，分三种情况给出了信任融合操作的计算公式。

（9）给出了不确定优先的多项式观点的传递公式和相对信任优先的多项式观点的传递公式，并给出了证明过程。

（10）考虑信任具有的相互性和不确定性，将原有的单向信任关系扩展为双向信任关系，同时依据不同事件权重，对三种信任决策规则进行定义。

（11）对 Jøsang 信任模型中简单洪泛搜索存在的问题进行分析，在主观逻辑的基础上，提出新的信任网络搜索算法。

（12）在充分考虑事件权重的基础上，对原有主观逻辑信任传递和信任聚合算子的改进。

（13）设计了信任评价的动态更新部分，其中包括信任的时间衰减、信任的奖励及惩罚部分。

参 考 文 献

[1] Jøsang A. A logic for uncertain probabilities. International Journal of Uncertainty, Fuzziness and Knowledge-Based System, 2001, 9(3): 1-31.

[2] Jøsang A, Hayward R, Pope S. Trust network analysis with subjective logic. 29th Australasian Computer Science Conference, 2006: 48.

[3] Jøsang A. Subjective logic. http://folk. uio. no/josang/papers/subjective_logic. pdf.

[4] Jøsang A, Quattrociocchi W. Advanced features in bayesian reputation systems. Computer Science, 2009, 5695(1): 105-114.

[5] Jøsang A, Diaz J, Rifqi M. Cumulative and averaging fusion of beliefs . Information Fusion, 2010, 11(2): 192-200.

[6] Nir O, Timothy J N, Alun P. Subjective logic and arguing with evidence. Artificial Intelligence, 2007, 171: 838-854.

[7] Venkat B, Vijay V, Uday T. Subjective logic based trust model for mobile ad hoc networks// Proceedings of the 4th International Conference on Security and Privacy in Communication Networks, 2008.

[8] Huang C L, Hu H P. Extension of subjective logic for time related trust. Wuhan University Journal of Natural Sciences, 2005, 10(1): 56-60.

[9] 苏锦钿, 郭荷清, 高英. 扩展主观逻辑的粗化与细化. 华南理工大学学报(自然科学版), 2007, 35(9): 65-84.

[10] 杨茂云,任世锦,侯滨,等. Jøsang 主观信任模型的优化. Computer Engineering and Applications, 2012, 48(24) : 106-112.

[11] 付江柳, 高承实, 戴青, 等. 基于主观逻辑的信任搜索算法. 计算机工程, 2008, 34(3): 178-180.

[12] Wang J, Sun H J. A novel subjective logic for trust management. Journal of Computer Research and Development, 2010, 47(1): 140-146.

[13] Zhou H, Shi W, Liang Z, et al. Using new fusion operations to improve trust expressiveness of subjective logic. Wuhan University Journal of Natural Sciences, 2011, 16(5): 376-382.

[14] Michael M. Space science studies come to the internet. Aviation Week & Space Technology,1998: 59-66.

[15] Saroiu S, Gummadi P K, Gribble S D. A measurement study of peer-to-peer file sharing systems// Proceeding of Multimedia Computing and Networking, 2002: 50-59.

[16] Agrawal A, Casanova H. Clustering hosts in P2P and global computing platforms. Third International Workshop on Global and Peer-to-Peer Computing on Large Scale Distributed Systems, 2003: 367-343.

[17] Golbeck J A. Computing and applying trust in web-based social networks. Computer Science Theses and Dissertations UM Theses and Dissertations, 2005.

[18] 唐文, 陈钟. 基于模糊集合理论的主观信任管理模型研究. 软件学报, 2003, 14(8): 1401-1408.

[19] Marsh S. Formalizing trust as a computational concept. Scotland: Scotland University of Stirling, 1994.

[20] Blaze M, Feigenbaum J, Lacy J. Decentralized trust management// Proceedings of the 17th

Symposium on Security and Privacy, 1996: 164-173.
[21] 田俊峰, 杜瑞忠, 刘玉玲. 基于结点行为特征的可信性度量模型. 计算机研究与发展, 2011, 48(6): 934-944.
[22] 马礼, 郑纬民. 网格环境下的信任机制研究综述. 小型微型计算机系统, 2008, 29(5): 825-830.
[23] 田俊峰, 蔡红云. 信任模型现状及发展. 河北大学学报(自然科学版), 2011, 31(5): 535-560.
[24] Jøsang A, Marsh S, Pope S. Exploring different types of trust propagation// Proceedings of the 4th International Conference on Trust Management(iTrust), 2006: 179-192.
[25] Beth T, Borcherding M, Klein B. Valuation of trust in open networks// Proceedings of the 3rd European Symposium on Research in Computer Security, 1994: 3-18.
[26] Rahman A A, Hailes S. A distributed trust model// Proceedings of the 1997 Workshop on New Security Paradigms, 1997: 48-60.
[27] Wang Y, Vassileva J. Bayesian network-based trust model// Proceedings of the IEEE Computer Society WIC International Conference on Web Intelligence, 2003: 372-378.
[28] Guha R, Kumar R, Raghavan P, et al. Propagation of trust and distrust// Proceedings of the 13th International Conference on World Wide Web, 2004: 17-22.
[29] Yu B, Singh M P, Sycara K. Developing trust in large-scale peer-to-peer systems// Proceedings of the 1st IEEE Symposium on Multi-Agent Security and Survivability, 2004: 1-10.
[30] Zhu J M, Yang S B , Fan J P. A grid & P2P trust model based on recommendation evidence reasoning. Journal of Computer Research and Development, 2005, 42(5): 797-803.
[31] 王健, 刘衍珩, 焦玉. Web 信任传播建模. 计算机工程与应用, 2009, 45(21): 136-182.
[32] 张明武, 杨波, 禹勇. 基于 D-S 理论的分布式信任模型. 武汉大学学报(理学版), 2009, 55(1): 41-44.
[33] 窦文, 王怀民, 贾焰, 等. 构造基于推荐的 Peer-to-Peer 环境下的 Trust 模型. 软件学报, 2004, 15(4): 571-583.
[34] 田春岐, 邹仕洪, 王文东, 等. 一种基于推荐证据的有效抗攻击 P2P 网络信任模型. 计算机学报, 2008, 31(2): 270-281.
[35] Xu F, Lü J, Zheng W, et al. Design of a trust valuation model in software service coordination. Journal of Software, 2003, 14(6): 1043-1051.
[36] 王远, 吕建, 徐锋, 等. 一个适用于网构软件的信任度量及深化模型. 软件学报, 2006, 17(4): 682-690.
[37] 路峰, 吴慧中. 基于云模型的信任评估研究. 中国工程科学, 2008, 10(10): 84-90.
[38] Wu G A, Wang J H, Xu Y, et al. Study on recommendation trust in open network environment. Application Research of Computers, 2007, 24(12): 155-157.
[39] 王进, 孙怀江. DSm 信任模型下的信任传递. 微电子学与计算机, 2006, 23(9): 215-217.
[40] Fu J L, Gao C S, Dai Q, et al. Trust search algorithm based on subjective logic. Computer Engineering, 2008, 34(3): 178-180.

[41] Fu J L, Gao C S, Dai Q. A trust model based on subjective logic in grid environment. Microelectronics & Computer, 2007, 24(8): 173-176.

[42] Jøsang A. The consensus operator for combining beliefs. Artificial Intelligence Journal, 2002, 142: 157-170.

[43] 张喜征. 虚拟企业信任机制研究—网络环境下信任管理模式创新. 长沙: 湖南人民出版社, 2005.

[44] Smets P. Belief functions// Non Standard Logics for Automated Reasoning. London: Academic Press, 1988: 253-286.

[45] Azzedin F, Maheswaran M. Towards trust-aware resource management in grid computing systems// Proceedings of Cluster Computing and the Grid, 2002: 452.

[46] Burr E. Public key infrastructure(PKI)technical specifications part a:technical concept of options. http:// csrc / nist.gov / pki / twg / baseline / pkicon20b. pdf.

[47] Linn J. Trust models and management in public-key infrastructures. RSA Laboratories, 2000: 12.

[48] 李小勇, 桂小林. 大规模分布式环境下动态信任模型研究. 软件学报, 2007, 18(6): 1510-1521.

[49] Blaze M, Feigenbaum J, Lacy J. Decentralized trust management// Proceedings of Security and Privacy, 1996: 164-173.

[50] Rahman A A, Hailes S. A distributed trust mode// Proceedings of the 1997 Workshop on New Security Paradigms, 1998: 48-60.

[51] 苏锦钿, 郭荷清, 高英. 基于信任网的推荐机制. 华南理工大学学报(自然科学版), 2008, 36(4): 98-103.

[52] 蒋黎明, 张琨, 徐建, 等. 证据信任模型中的信任传递与聚合研究. 通信学报, 2011, 32(8): 91-100.

[53] 秦艳琳, 吴晓平, 高键鑫. 分布式环境下信任路径选择性搜索及聚合研究. 通信学报, 2012 (S1): 148-156.

[54] 陈建钧, 张仕斌. 基于云模型和信任链的信任评价模型研究. 计算机应用研究, 2015, 32(1): 249-253.

[55] 李道丰, 杨义先, 谷利泽, 等. 状态行为关联的可信网络动态信任计算研究. 通信学报, 2011 (12): 12-19.

[56] 田春岐, 江建慧, 胡治国, 等. 一种基于聚集超级节点的 P2P 网络信任模型. 计算机学报, 2010, 33(2): 345-355.

[57] 王守信, 张莉, 李鹤松. 一种基于云模型的主观信任评价方法. 软件学报, 2010, 21(6): 1341-1352.

[58] Jøsang A, Costa P C G, Blasch E. Determining model correctness for situations of belief fusion// Proceedings of Information Fusion (FUSION), 16th International Conference on IEEE, 2013: 1886-1893.

[59] Jøsang A, Guo G, Pini M S, et al. Combining recommender and reputation systems to produce better online advice// Proceedings of the 11th International Conference on Privacy, Security and Trust, 2013:

10-12.

[60] Jøsang A. Identity management and trusted interaction in internet and mobile computing. IET Information Security, 2013, 8(2): 67-79.

[61] Jøsang A, Sambo F. Inverting conditional opinions in subjective logic// Proceedings of 20th International Conference on Soft Computing (MENDEL'14), 2014.

[62] Jøsang A, Aždersk a T, Marsh S. Trust transitivity and conditional belief reasoning// Proceedings of Trust Management VI, 2012: 68-83.

[63] Jøsang A, Bhuiyan T. Optimal trust network analysis with subjective logic// Proceedings of Emerging Security Information, Systems and Technologies, 2008: 179-184.

[64] 施伟, 傅鹤岗, 张程. 基于连边相似度的重叠社区发现算法研究. 计算机应用研究, 2013, 30(1): 221-223.

[65] Shang J, Liu L, Xie F, et al. How overlapping community structure affects epidemic spreading in complex networks// Proceedings of Computer Software and Applications Conference Workshops (COMPSACW), 2014: 240-245.

[66] 熊正理, 姜文君, 王国军. 基于用户紧密度的在线社会网络社区发现算法. 计算机工程, 2013, 39(8): 50-54.

[67] 江琴,刘琳岚,苏曦, 等. 基于事件权重的 GUI 测试路径生成方法. 计算机应用, 2009, 29(5): 1382-1384.

[68] 杨晓晖, 周学海, 田俊峰, 等. 一个新的软件行为动态可信评测模型. 小型微型计算机系统, 2010, 31(11): 2113-2120.

[69] Milgram S. The small world problem. Psychology today, 1967, 2(1): 60-67.

[70] 田俊峰, 鲁玉臻, 李宁. 基于推荐的信任链管理模型. 通信学报, 2011, 32(10): 1-9.

[71] 汪京培, 孙斌, 钮心忻, 等. 基于参数建模的分布式信任模型. 通信学报, 2013, 34(4): 47-59.

[72] 张树臣, 高长元. 高技术虚拟产业集群社会网络信任模式研究. 管理学报, 2013, 10(9): 1301-1308.

第 4 章　基于主观逻辑扩展的软件行为动态信任评价模型

21 世纪是信息的时代，信息已成为一种重要的战略资源。信息技术的迅猛发展以空前的速度渗透到人类社会、生活的各个领域，并从根本上改变了人们的生产方式、工作方式和生活方式。美国前国家安全顾问布热津斯基一语道破：“谁掌握了信息，谁就掌握了权力。”

信息的获取、处理和安全保障能力成为一个国家综合国力的重要组成部分。三者中，信息安全的保障能力是重中之重。中国国家计算机网络与信息安全实验室主任白硕先生说过：“中国的信息安全在技术上的最大隐患是操作系统、微电子芯片、路由器等核心技术都掌握在别人手里”，而“由于技术的原因，只能在采用国外产品的情况下来确保信息的安全”。所以对信息系统的软件行为必须采取有效的安全措施。

软件行为的可信性（涉及软件的可用性、可靠性和安全性等）已成为软件专业人员和用户都十分关注的问题，如何保证软件行为的高可信性已成为软件理论和技术的重要研究方向[1]，而如何提高对软件行为评价的可信程度便成为这一方向的关键问题。

随着以 Internet 为基础平台的、各种大规模的分布式应用（如 P2P、网络计算和普适计算等）的深入研究，系统表现为由多个软件服务组成的动态协作模型。在这种动态和不确定的环境下，传统的安全机制中基于软件行为的静态信任评价模型已不能适应这种需求。因此，针对这些新型应用环境的软件行为动态信任评价技术已成为一个研究热点[2-4]。

由于 Internet 环境的多变性，现有软件服务协同系统的制约以及运行环境等多种因素的影响，以往静态的软件评价模型可能无法正确评估软件质量；同时，现有软件可靠性评估系统在模型的科学和合理性以及系统结构的灵活性等方面存在诸多局限性。

（1）软件结构不灵活。

（2）不能有效地支持软件可靠性模型的共享和重用。

（3）软件可靠性模型在应用时具有不一致性[5]。

所以，如何对软件行为质量进行更加合理的评估，最大程度地保证软件的运行质量，已成为学术界关注的热点。

此外，人们在评价软件行为时，存在一个基本问题：没有人能够绝对肯定地回答动态环境中的某个软件行为是否符合预期的软件行为。即使某个软件行为被认为符合预期的软件行为，但它肯定是由人来评价的，所以它并不能完全、客观地相信确实是真的。现实环境下遇到的问题和事物间的关系往往比较复杂，客观事物存在的随机性、模糊性、不完全性和不精确性，往往导致人们对软件行为的评价存在一定的不确定性。

这时，若仍然采用经典的精确推理理论进行处理，反而无法反映软件行为的真实性。所以，对软件行为的可信性进行评价时，必须考虑信任是由人来评价的，其具有主观性。

主观逻辑符合人们的直觉，在概率上也可给出某种解释。Jøsang 等提出并利用主观逻辑建模信任关系，并取得了可喜的成果[6-10]，但所建立的模型没有考虑信任的动态性问题。

对于软件可信性评价的研究已经成为一个新的热点，近几年，国内外学者已经做了卓有成效的工作。例如，刘玲等通过用定理的形式精确地给出逻辑覆盖准则应该具有的性质之间的关系，评估现有的逻辑覆盖测试准则，从而为测试人员在实际过程中选择逻辑覆盖测试准则提供了指导[11]。徐锋等从信任的定义出发，使用概率统计学中假设检验的思想对直接信任关系进行解释，并且给出了一个直接信任度的计算公式，从而为软件服务之间的协同与安全决策提供依据[12]。张德平等基于统计测试的马尔可夫使用模型对软件可靠性评估提出了一种有效的估计方法，该方法利用重要抽样技术在保证可靠性估计无偏性的条件下，利用交叉熵度量操作剖面与零方差抽样分页之间的差异，给出了软件可靠性估计的最优测试剖面生成的启发式迭代算法[13]。

在国外，Hofmeyr 等提出了一种 N-gram 策略，通过使用固定长度的系统调用序列，从而在特权进程级别进行入侵检测[14]。Feng 等提出的 VtPath 模型抽取函数调用栈信息，可以显著地减少收敛时间，提高模型精确性，减少虚警概率[15]。Wager 等提出了通过静态分析源代码建立模型的方法，讨论了基于不确定有穷自动机（Nondeterministic Finite Automaton，NFA）的 callgraph、digraph 和基于下推自动机（Push Down Automaton，PDA）的 abstract stack 三种模型[16]。Giffin 等提出了由动态分析与模糊理论相结合的方式生成的基于上下文的 Dyck 模型，该行为模型进行了数据流分析，从而提高了抵抗模仿攻击和非控制流攻击的能力。另外，Dyck 模型还对受系统调用返回值影响的分支进行了分析，提高了模型的精确性，并且删除了多余的空调用对和没有系统调用的路径，提高了效率，但运行代价过高[17]。

软件的可信主要体现在其行为的可信上，许多专家和学者越来越多地通过对软件行为的监测、信任关系的评价和异常行为的控制，保证计算机系统能够安全运行。例如，陆炜等提出了一种基于控制流的程序行为扩展模型，对控制流模型加入不变性约束扩展，从而能够表达程序正常运行时所应保持的不变性质约束，增强了模型的监控能力[18]。苏璞睿通过深入分析各种攻击方法及其造成的进程行为差异，从异常检测和误用检测两方面研究了针对特权进程行为的入侵检测方法，并在自动响应技术方面进行了探讨性研究[19]。宋博等提出了一种新的基于内核 profiling 的进程执行行为特征分析的图形界面交互系统性能评测方法，并给出了一种区间最大相关比对算法，能够从整体执行时间中准确地提取实际执行时间[20]。徐明迪等对规范定义的信任链迁入特征进行了形式化描述，提出了基于标记变迁系统的信任链测试模型框架[21]。李晓勇等提出了动态多路径信任链模型，对静态的系统软件和动态的应用软件加以区分[22]。Yang 等对可信软件开发中提高软件过程技术的理论和方法进行了研究[23]。杨善林等提出了基于效用和证据理论的可信软件评估方法[24]。赵会群等提出了一个面向服务的可信软件体系结构代数模型，为可信服务体系结构软件设计提供理论支持[25]。Lu 等采用 ELECTRE TRI 方法评价可信软件[26]。

在国外，Sekar 等把 PC 指针和系统调用相关联，利用有穷自动机（Finite State Automaton，FSA）学习序列，把进程的上下文信息引入模型中[27]。Kim 等通过引入基于软件行为 Bosch 自动系统的实时组件，提出了一种在组件水平上的嵌入式系统软件行为评价模型[28]。Porres 提出了一种基于 UML 的软件行为信任评价模型，该模型在整个软件执行过程中建立，通过 UML 来描述软件行为，从而评价整个软件的可信性[29]。

以上模型都存在一个共同问题：没有考虑到人对软件行为的评价具有主观性。所以，近几年有些学者将主观逻辑引入可信评价中。Nir 等提出了基于框架论据的主观逻辑证据推理，通过论据的增长和证据的扩充，不断将系统简化[30]。Venkat 等为主观逻辑增加运算符用于处理移动节点之间的信任关系的不可知性，从而更好地保障了移动自组网的安全性[31]。毕方明等提出的基于主观逻辑理论的网络信任模型，通过加权平均和方差来确定信任度和不确定度的取值方式[32]。姚寒冰等针对 P2P 系统对实体缺乏约束机制、实体间缺乏信任等问题，提出了一种基于主观逻辑理论的 P2P 网络信任模型，在信任度的计算中引入风险机制，可有效防止协同作弊和诋毁的安全隐患[33]。林剑柠等借鉴人类社会建立推荐信任模型的方法，提出以实体提供服务的质量属性为参考元素，引入基于服务质量的偏序关系建立基本可信度函数，考虑不同网络节点之间的历史交互信息中的不确定性，将历史交互信息转化为节点之间的推荐偏好意见，并采用衰减算子和融合算子综合来自不同网络节点的推荐信息[34]。王守信等在信任云的基础上，提出了一种基于云模型的主观信任量化评价方法，使用主观信任云的期望和超熵对信任客体信用度进行定量评价，进而设计一种信任变化云刻画信任客体信用度的变化情况，为进一步的信任决策提供依据[35]。王进等提出了一种新主观逻辑，该主观逻辑是在 D-S 理论的框架上对原主观逻辑的一个扩展，从而解决了鉴别框架中的元素必须是互斥的这一问题[36]。王勇等提出了 4 种基本群体约束模式及其嵌套复合来刻画群体构成约束，在此基础上提出了一种基于主观逻辑的群体信任模型，并给出了 4 种基本约束模式及其嵌套复合的直接信任度和推荐信任度的度量公式[37]。

虽然以上模型考虑了信任的主观性和不确定性，但是却忽略了人们对事物的看法会随着时间和空间的变化而变化的这一问题，从而没能解决信任的动态性问题。

针对上述问题，提出了一种基于主观逻辑扩展的软件行为动态信任评价模型（Dynamic Trust Evaluation Model of Software Behavior based on Extended Subjective Logic，DTEMSB-ESL）。该模型通过软件执行轨迹和软件功能轨迹来分析和评估软件行为的可信性，扩展 Jøsang 主观逻辑，使其更适合描述动态环境下的软件行为的可信性，以软件行为为基础，通过扩展的主观逻辑评价方法，根据动态变化的客观环境，不断地更新软件行为信任度，最终做出正确的决策。

下面将对 DTEMSB-ESL 进行详细的设计和描述。

软件行为包括主体、客体以及动作三个属性。软件行为的三个属性定义如下。

（1）主体：主要包括用户、系统活动主体、主体群、代理以及多代理。用户是指系统中实施操作活动的人；系统活动主体是指操作系统或者网络系统中的作业、进程或线程等；主体群是指多个系统进程的有机联合体；代理是指作为用户的代理身份的主体；多代理是指一种代理依照协同机制和组织关系构成的联合体。我们所关注的软件行为主体是进程。

（2）客体：行为的受体，包括文件、存储器、缓冲器、磁盘和外部设备等。这里所关注的软件行为客体是各种软硬件资源。

（3）动作：主体施用于客体的一个服务。以图灵机为模型，将动作属性分为三个层次，而将动作属性细化为五个层次，如图 4.1 所示。

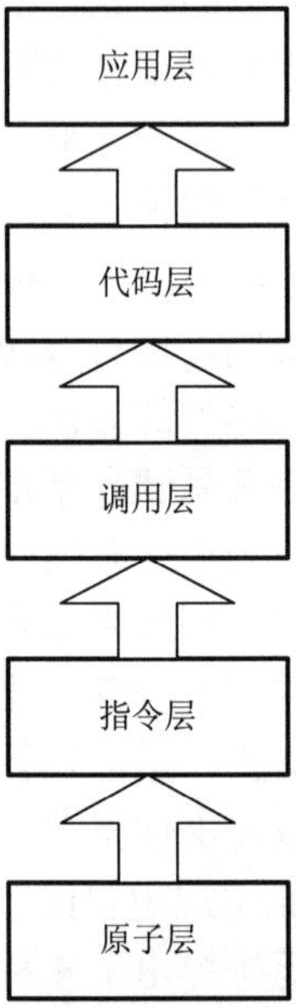

图 4.1 软件动作的层次模型

① 原子层：软件最基本、最原子的动作是依据{0,1}字符集对存储介质磁带的磁头移动的读写活动，以及 CPU 的运行和寄存器的操作等。

② 指令层：无论磁带的读写活动、CPU 的运行还是寄存器的操作，它们主要由计算机指令系统中的基本指令组成。一条计算机指令包括两方面内容：操作码和操作数。操作码决定要完成的操作，操作数指参加运算的数据及其所在的单元地址。这些指令组合在一起对计算机资源进行选址、读写、控制、计算、输入和输出。

③ 调用层：操作系统的主要功能是为应用程序的运行创建良好的环境，为了达到这个目的，系统内核必须提供一些预定义的函数，使开发人员能够对应用程序的软件和硬件进行访问。它是跨越计算机软硬件的桥梁。满足条件的只有两类函数，一类

是系统调用（system call），另一类是应用程序编程接口（Application Programming Interface，API）函数。由于系统调用比 API 函数更加底层，所以选取系统调用作为这一层的动作。

④ 代码层：程序员为实现特定目标或解决特定问题而进行操作的一系列语句的有序集合。这些语句通常是汇编语言或高级语言。

⑤ 应用层：使用者通常从软件功能的角度来对软件的动作进行定义，例如，经费管理系统的软件动作包括经费科目的增删改、手工结算、经费追回、生成通知书、生成统计报表等。这是从宏观上对软件的动作进行定义。

在不同的层次，我们所看到的软件的动作是不同的，其研究思路和方法都会存在较大不同。如果选取的层次太宏观，则不能反映出软件行为的具体细节；如果选取的层次太微观，则会对软件行为的计算变得非常烦琐，对问题的处理也会变得非常复杂。因此，选取调用层来描述软件的行为，即把一个系统调用看作一个软件动作，同样软件在运行时，其行为必然会影响计算机状态，如 CPU 使用情况、内存占用情况以及软件运行的时间等。在标准环境下，有什么样的软件行为就会有什么样的计算机状态。所以，软件的行为可以从两方面入手，一是软件的动作，二是软件动作所引起的计算机状态。

4.1 软件行为轨迹

4.1.1 软件行为的相关概念

定义 4.1（软件行为（Software Behavior，SB）） 作为主体的软件对作为客体的进程等的动作。

定义 4.2（软件行为可信（Credibility of SB，CSB）） 如果软件总是按照其预期行为运行，并达到预期的终点，则称软件的行为是可信的。

定义 4.3（软件行为轨迹（Trace of SB，TSB）） 即软件行为的表现方式，由软件运行轨迹和软件功能轨迹组成。

定义 4.4（软件运行轨迹（Operation Trace of SB，OTSB）） 软件的执行路径，可以表征为一个有序的检查点向量。

定义 4.5（软件功能轨迹（Function Trace of SB，FTSB）） 软件执行过程中，各检查点对应的场景和时间偏移量构成的有序向量。FTSB 表现了软件运行所完成的功能。

定义 4.6（检查点（Check Point，CP）） 软件流程上用于获取信息、评价软件的一些关键点，即出错后对软件危害较大的点。选取软件的分支处、比较重要的系统调用（如打开文件、修改权限等）处作为检查点。在这些点提取软件的执行场景及其时间偏移量。

定义 4.7（场景（scene）） 一个 n 元组，包括必要的运行背景信息和结果信息（含中间结果信息），如系统调用、系统调用参数、系统调用返回值、内存分配情况、CPU 负载等信息。

系统调用是操作系统提供给应用程序获得系统资源的接口，系统调用序列可以反映软件的控制流；通过系统调用参数可以发现只改变参数而未改变控制流的攻击，如缓冲区溢出攻击、拟态攻击等；大多数的攻击都会利用系统资源实现自己的目的，这些资源主要就是内存和 CPU，对于内存与 CPU 的监测也是必要的。因此选用系统调用、系统调用参数、系统调用返回值、CPU 负载、内存分配、影响分支的数据信息、分支条件描述场景。

定义 4.8（分支点（Branch Point，BP））　程序流程中，需要进行转移判断的检查点。循环语句可以表示为多个连续分支语句。

分支场景包括 CPU 负载、内存分配情况、影响分支的数据信息（包括影响分支的系统调用的返回值、系统的输入等）、分支判断条件；非分支检查点的场景包括系统调用号、系统调用参数、调用返回值、CPU 负载、内存分配情况。

定义 4.9（时间偏移量（Time Offset，TO））　由上一个检查点到该检查点所经历的时间。如果在某检查点执行完后，在时间偏移量的范围内没有执行到下一个检查点，则可能偏离运行轨迹。

4.1.2　软件行为轨迹的获取

软件的一次运行是按设计好的流程对预期功能的一次执行，即软件行为的一次表现。在基于软件行为的可信性研究中，不仅需要获知软件的运行轨迹即执行的操作序列，还要考察软件的功能轨迹即运行轨迹对应的场景。

首先，利用静态分析获得软件的完整运行模型，即软件运行轨迹。大多数程序需要通过系统调用与内核交互才能完成一定的功能，因而从系统调用这一级对程序进行监控比较合理，所以在系统调用级获取软件的行为轨迹，并且在重要的系统调用处设置检查点对软件进行可信性评价。如果没有分支语句，那么软件的运行流程是固定的，当软件受到攻击而出现异常时，它的实际运行轨迹必定与预期运行轨迹偏离；而分支语句使得软件受到攻击后执行的分支可能与未受攻击时执行的分支不同，且这种异常易被漏报，所以分支处也应该设立检查点。将检查点按照执行的先后顺序有组织地进行存储，它们的关系图构成了软件的运行轨迹。另外，在静态分析过程中可以采用 Dyck 模型进行数据流分析，将分支点的分支条件作为对应的场景信息的元素，Dyck 模型是一个上下文敏感的入侵检测系统，它不仅考虑了程序执行过程中产生的系统调用序列，还记录了函数调用点处变化的栈信息，而且给出了清除空调用的方法，并通过数据流分析抵抗模拟攻击，所以 Dyck 模型能够精确地描述程序的行为。

其次，结合通过动态训练获取软件运行时各检查点的场景，即预期功能轨迹（expected FTSB，E_FTSB）。软件的监测机制主要有封装、拦截、监控 API、基于面向切面编程（Aspect-Oriented Programming，AOP）的软件运行轨迹检测方法等。封装法需要修改软件源码，手工添加监测代码，不适合含有大规模、复杂函数的软件。对于拦截法只能在调用系统函数时进行检测，无法获得分支点的场景等信息。由于入侵主要是通过系统调用来实现的，所以只监控 API 函数粒度是不够的。利用 AOP 的代码分离思想和代码织入机制，在检查点处安装传感器，从而动态获取场景、时间偏移量等信息，这些信息采用抽象取值范围来描述。

4.1.3　软件行为轨迹的表示

软件的可信行为可以表征为一个有向无环的、由若干条行为轨迹组成的可信视图，表示为五元组 $\mathrm{BT}(V,E,W,v_0,V_q)$。

（1）V：节点集合。节点 v_i 的结构表示为（Identification，Type，Scene），其中 Identification 表示检查点标识；Type 表示节点的类别（0 表示初始节点，1 表示结束节点，2 表示非分支的检查点，3 表示分支点）；Scene 表示场景。

（2）E：边集。是 $V\times V$ 的多重子集，其元素 e_i 称为有向边，简称边，可以表示为 $e_i=<v_i,v_j>\in E$。

（3）W：边权集合。任意的边 $e_i=<v_i,v_j>$，设 $W(e_i)=\omega_{ij}$，称 ω_{ij} 为 e_i 上的权，权值为两节点的时间偏移量 Time，即 $\omega_{ij}=\mathrm{Time}(v_i,v_j)$。

（4）v_0：初始节点，$v_0(0,0,\mathrm{null})$。

（5）V_q：结束节点集合。

4.1.4　评价流程

设计了两套评价流程 DTEMSB-ESL 和 DTM-ESL（Dynamic Trust Model Based on Extended Subjective Logic），并在 4.3 节分别进行模拟实验。

1. 评价流程一——DTEMSB-ESL

（1）对软件进行静态分析，在检查点设立传感器，并得到由检查点构成的软件预期运行轨迹。

（2）对软件进行动态分析，利用传感器来获取软件的场景信息，从而得到软件预期功能轨迹。

（3）由预期运行轨迹和功能轨迹得到软件的行为轨迹。

（4）通过监测安装有传感器的软件，获取软件的实际运行轨迹与实际功能轨迹。

（5）在软件可信评价模型中，以软件行为轨迹为依据，应用扩展的主观逻辑对实际行为轨迹进行可信评价，得出可信结果。

其流程图如图 4.2 所示。

2. 评价流程二——DTM-ESL

（1）预期行为轨迹的预处理。通过训练，获得运行轨迹中各相邻检查点之间精确的功能调用序列，以及功能轨迹中各检查点场景信息的绝对肯定、绝对否定和不确定的取值区间。

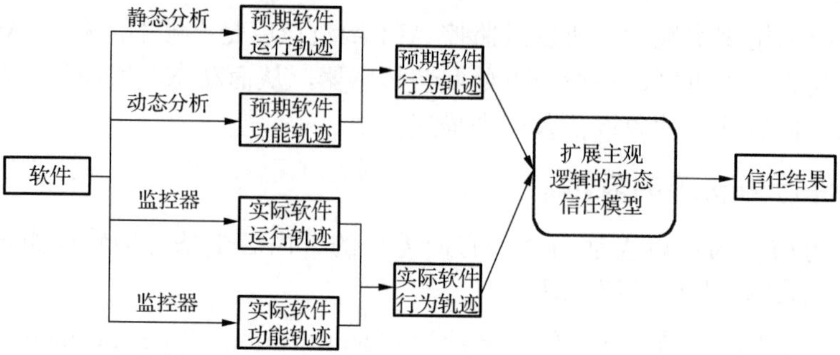

图 4.2　DTEMSB-ESL 流程图

（2）评价流程。评价以相邻检查点 CP_i 至 CP_{i+1} 为基本评价单位，对运行轨迹即 CP_i 至 CP_{i+1} 的系统调用序列进行匹配性检测，即如果实际运行轨迹与预期运行轨迹相匹配，则认为运行轨迹可信，否则报警。考察检查点 CP_{i+1} 的场景信息，取功能调用参数 v、在 CPU 排队的进程数 p 和内存驻留任务数 o 三个属性。如果某项参数取值落在了绝对否定区间则报警；如果落在绝对肯定区间，则肯定事件数 r（分别为 r_v、r_p 和 r_o）加 1；否则，否定事件数 s（分别为 s_v、s_p 和 s_o）加 1。考察 y 次为一个周期，考察 z 个周期。依据 4.2.2 节场景评价规则做出最终评价。

4.1.5　信任规则

当得到实体 X_i 的主观观念 $\omega_{X_i}=(b_{X_i},u_{X_i},a_{X_i})$ 时，我们可以根据信任规则判断该软件行为是否可信。设定信任规则如下：

```
public bool IsTrusted( double E0, double u0, double a0 )
                    {
                        BOOL flag = false;
                         if (E_Xi ≥ E0 && u_Xi ≤ u0 && a_Xi ≥ a0 )
                            flag = true;
                        return flag;
                    }
```

其中，E_0，u_0 和 a_0 分别表示 X_i 的期望、不确定度和基率的临界值；E_{X_i}，u_{X_i} 和 a_{X_i} 分别表示 X_i 的期望、不确定度和基率。当返回值是 true 时，表示该软件行为可信；反之，表示该软件行为不可信。

4.2　评 价 模 型

通过在软件的检查点处安装的传感器来获取软件的实际行为，并运行可信性评价模型，按照评价规则将传感器获取到的实时信息与软件行为轨迹中相应检查点（设置一个运行指针用于记录软件实际运行到的检查点所对应的软件行为轨迹中的检查点）信息进行比较。评价规则主要包括标识评价规则和场景评价规则，并且当运行指针指向下一个检查点前会从边表节点读取时间偏移量，将其记为 t，当指向下一个检查点时，模型开始计时，如果在 t 时间段内传感器没有被触发，则在系统报警中，软件运行结束。以下将对评价规则进行详细介绍。

4.2.1　标识评价规则

标识评价规则（identification evaluation rule）是检测软件是否按照预期的轨迹执行，通过查看传感器获取的检查点标识是否与软件行为轨迹（TSB）中的相应检查点标识相符。如图 4.3 所示，当软件执行到 v_j 检查点时，运行指针指向软件行为轨迹中的 v_j，将传感器返回的实际运行轨迹中的 v_j 的标识与运行指针指向的 v_j 的标识进行比较。如果两标识不匹配，则模型给出安全警报；否则进行检查点场景评价。

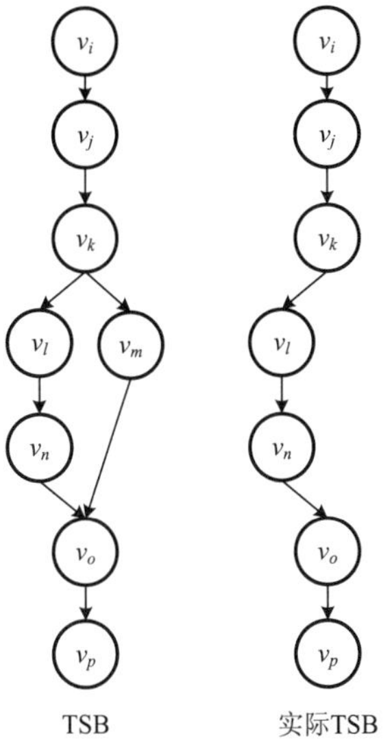

图 4.3　检查点标识评价规则图

4.2.2　场景评价规则

在本模型中，将整个软件功能轨迹看成一个实体 X_i，其中系统调用序列、CPU 负载量和内存分配情况看成该实体下的三个属性 X_i^0、X_i^1 和 X_i^2，如图 4.4 所示，而每一个属性的信任值会随着时间和空间的改变而改变。为了方便讨论，假设从第 i 个检查点到第 $i+1$ 个检查点为一段时间，我们只选取三段时间 T_0、T_1 和 T_2，如图 4.5 所示。

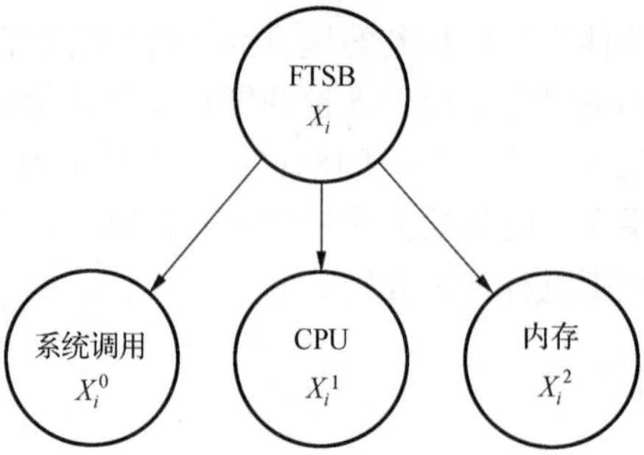

图 4.4　FTSB 结构示意图

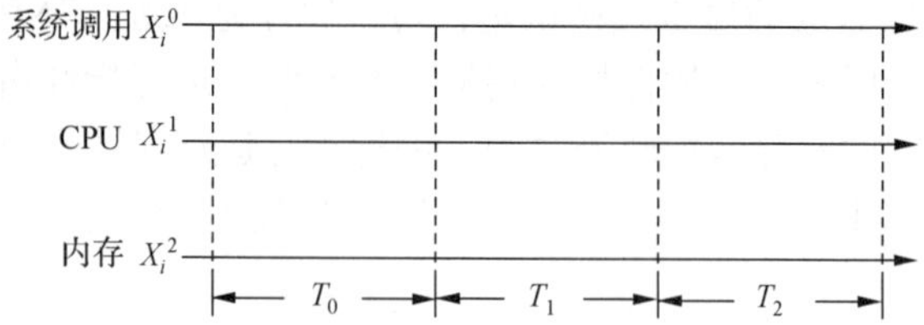

图 4.5　三种属性在三段时期内的信任值

1. 软件单一属性在单一时间段内的信任评价（the Trust value of One attribute of software in One process，TOO）

根据 Jøsang 的主观逻辑，要得到某一属性在软件的一次运行过程中的信任评价，关键是要找出该属性的肯定事件数 r 和否定事件数 s。

各属性 r 和 s 确定规则如下。

规则 4.1　属性系统调用

初始时，设 $r_{SC}=0$，$s_{SC}=0$。当软件从第 i 个检查点运行到第 i+1 个检查点处时，其监测到的系统调用序列在预期的系统调用集合中，并且其次序关系也符合预期，则 $r_{SC}++$；否则，$s_{SC}++$。最终得到的 r_{SC} 和 s_{SC}，就是属性系统调用的 r 和 s。

规则 4.2　属性 CPU

初始时，设 $r_C=0$，$s_C=0$。当软件从第 i 个检查点运行到第 i+1 个检查点处时，其监测到的 CPU 平均负载量在预期的 CPU 允许的负载量范围内，则 r_C++；否则，s_C++。累积 r_C 和 s_C，最终得到属性 CPU 的 r 和 s。

规则 4.3　属性内存

初始时，设 $r_M=0$，$s_M=0$。当软件从第 i 个检查点运行到第 i+1 个检查点处时，其监测到的内存平均占用量在预期的内存允许的范围内，则 r_M++；否则，s_M++。累积 r_M 和 s_M，最终得到属性内存的 r 和 s。

此时，每个属性的主观评价 ω 可由以下步骤获得。

（1）根据 3.1.2 节的式（3.14），可以得到 C。

（2）根据 3.1.2 节的式（3.1），可以得到 a。

（3）根据事实空间到观念空间的映射原理，可以得到 b 和 u。

主观评价 $\omega_{X_i^k}=(b,u,a)$，期望 $E=b+u\times a$。假设 $\omega_{X_i^k}=(0.2,0.6,0.5)$，则期望 $E_{X_i^k}=0.7$，如图 4.6 所示。

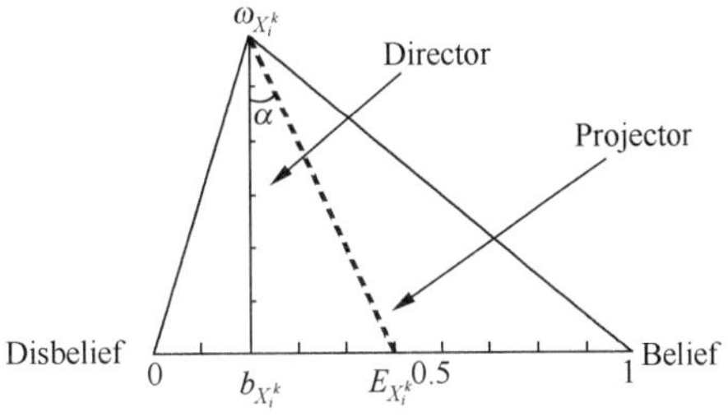

图 4.6　TOO 模型

（1）水平数轴 Disbelief-Belief（DB 轴）表示 X_i^k 的可信程度。其中，Disbelief 为 0，代表绝对不可信；Belief 为 1，代表绝对可信。

（2）设点 $\omega_{X_i^k}$ 代表动态评价，它到 DB 轴的投影为 $b_{X_i^k}$，且满足 $b_{X_i^k}$ 到 D 点的距离为 X_i^k 在这段时间段内的绝对可信度 0.2。连接 $\omega_{X_i^k}$ 和 $b_{X_i^k}$ 之间的直线称为 Director，并且 $|\text{Director}|=u_{X_i^k}=0.6$。这样只要给定动态评价，便可在图中唯一确定一个点 ω 与之对应。

（3）设 $\angle\alpha$ 满足，$\alpha=\arctan(a_{X_i^k})=\arctan(0.5)=0.464$，并且以 Director 线为底，向右偏离 α 角作直线 Projector，交 DB 轴于 $E_{X_i^k}$ 点，则 $E_{X_i^k}$ 点到 Disbelief 点的距离定为 X_i^k 在这段时间段内的期望。

假设从第 i 个检查点到第 i+1 个检查点所经历的时刻为 T_j，则在 T_j 时间段内的 $\omega_{X_i^k}$ 可表示为 $\omega_{X_i^k}^{T_j}$。

2. 软件单一属性在三段时间段内的信任评价（the Trust value of One attribute of software in Three processes，TOT）

根据 TOO，我们可以求出软件各属性每两个检查点之间运行过程中的信任评价。但如果软件从头运行，则需要经历多个检查点，得到多个主观评价。此时需要利用一种新的算子来综合考虑这些主观评价，得出一个合理的并能同时反映这些的主观评价，这里引用 Jøsang 在文献[7]中提到的融合算子这一概念。

假设实体的属性实体 X_i 的属性 X_i^k 在时间段 T_0,T_1,T_2 内的动态评价分别是 $\omega_{X_i^k}^{T_0},\omega_{X_i^k}^{T_1},\omega_{X_i^k}^{T_2}$，则这 3 个时间段的平均主观评价是 $\omega_{X_i^k}=\omega_{X_i^k}^{T_0}\oplus\omega_{X_i^k}^{T_1}\oplus\omega_{X_i^k}^{T_2}$，它的图形表示如图 4.7 所示。

（1）Disbelief 是 0，代表绝对不可信；Belief 是 1，代表绝对可信，并且三个时间段的评价共享一个 DB 轴。

（2）根据图 4.7，可以得到$\omega_{X_i^k}^{T_0},\omega_{X_i^k}^{T_1}$ 和$\omega_{X_i^k}^{T_2}$。再根据各自的投影线，可以得到$E_{X_i^k}^{T_0},E_{X_i^k}^{T_1}$和$E_{X_i^k}^{T_2}$。

（3）根据$\omega_{X_i^k}=\omega_{X_i^k}^{T_0}\oplus\omega_{X_i^k}^{T_1}\oplus\omega_{X_i^k}^{T_2}$，可以得到$\omega_{X_i^k}$，而且$E_{X_i^k}$一定位于$\omega_{X_i^k}^{T_0}$、$\omega_{X_i^k}^{T_1}$和$\omega_{X_i^k}^{T_2}$之间。

（4）$\Delta\omega_{X_i^k}^{T_0}\omega_{X_i^k}^{T_1}\omega_{X_i^k}^{T_2}$的变化一定会导致$\omega_{X_i^k}$的变化，从而$E_{X_i^k}$也会发生相应变化。因为点$\omega_{X_i^k}^{T_0}$的下降，会导致$E_{X_i^k}^{T_0}$的下降，根据融合算子的性质，$E_{X_i^k}$也会下降。

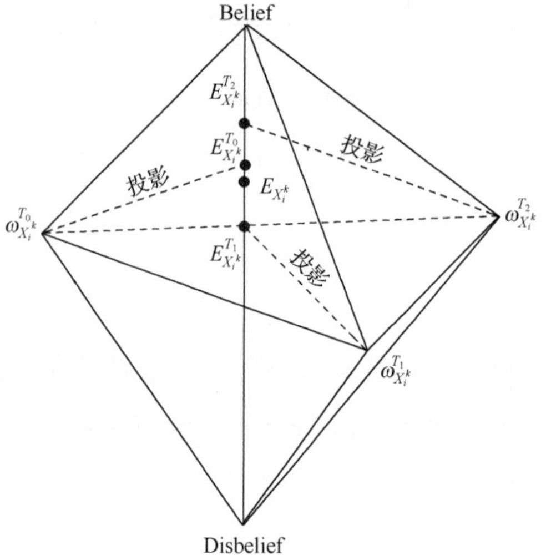

图 4.7　TOT 模型

3. 软件三个属性在三段时间段内的信任评价

根据 TOT，可以分别求出实体X_i的属性X_i^0,X_i^1,X_i^2在时间段T_0,T_1,T_2内的综合动态评价$\omega_{X_i^0},\omega_{X_i^1},\omega_{X_i^2}$。然后，需要再利用一种新算子来综合考虑这三个属性的动态评价，得出一个合理的并且能同时反映这三个属性的评价，这里引用 Jøsang 在文献[7]中提到的平均算子这一概念。

假设软件 Software 的各属性为 System Call（SC），CPU（C）和 Memory（M），则其信任评价分别为$\omega_{SC},\omega_C,\omega_M$，这 3 个属性的平均信任评价是$\omega_{Software}=\omega_{SC}\underline{\oplus}\,\omega_C\underline{\oplus}\,\omega_M$。

4. 场景检测结果

根据 4.1.5 节的信任规则，当得到该软件行为的主观评价$\omega_{Software}$时，通过设置其期望、不确定度和基率的临界值，从而判断该软件行为的场景是否可信。如果可信，则继续前进；否则系统报警。

4.3　方案一实验仿真与结果分析

4.3.1　实验环境与设计

作为一种程序设计模型，AOP 是面向对象编程（Object Oriented Programming，OOP）的延续，它可以将性能统计、事务处理、安全控制等行为与程序的业务逻辑分离，即将程序的横切关注点与核心关注点分离。对应到代码上，就是将实现软件功能的方法与获取软件运行情况的方法进行分离。应用该思想，可以在不改变源代码的条件下，获取软件的运行路径和相应的场景信息。实验中，源代码的重要系统调用和分支语句是核心关注点，用于获取软件行为轨迹的方法为横切关注点。

AspectJ 是一个面向方面的框架，它定义了 AOP 的语法，向 Java 中加入了一个新概念：连接点。此外，还增加了切点（pointcut）、通知（advice）、方面（aspect）和类型间声明（inter-type declaration）几个新的结构。AspectJ 已成为 AOP 技术广泛应用的、约定俗成的标准，可以很方便地在 Eclipse 基金会的开源项目中得到。应用 AspectJ 实现的方面如下：

```
public aspect SBTAspect
{
    pointcut checkpointcut():call(*SBT.*(..));
    before():checkpointcut()
     {
         getCpID();
         checked();
         getSence();
         checkSence();
     }
     after():checkpointcut()
     {
         getRvalue();
         checkRvalue();
     }
     // Obtaining Identification
     void getCpId{
         //Statements
     }
     // Evaluation of Identifacation
     void checked{
         //Statements
     }
```

```
        // Obtaining Sence
        void getSence(){
            //Statements
        }
        // Evaluation of Sence
        void checkSence(){
            //Statements
        }
    }
```

在 CPU 为 P4 3.06GHz，内存 2.49GB，硬盘 80GB，Linux 内核版本为 2.4.20 的主机上进行实验，以 AspectJ 为开发语言，Java 开发工具为安装了 AJDT 插件的 Eclipse5.5.1。

4.3.2 实验结果与分析

Dyck 模型是一个上下文敏感的入侵检测系统，它不仅考虑了程序执行过程中产生的系统调用序列，还记录了函数调用点处变化的栈信息，而且给出了清除空调用的方法，并通过数据流分析抵抗模拟攻击，所以 Dyck 模型能够精确地描述程序的行为。由于 Dyck 与这里所考虑的软件运行信息相似，为了验证 DTEMSB-ESL 的优势，选用 Dyck、基于 Jøsang 主观逻辑的软件行为动态信任评价模型（SJMJ）和本模型 DTEMSB-ESL 进行比较。采用 Java 编写的 Gzip 作为目标程序。

本实验从两方面对模型进行评价：精确性和效率。精确性是指软件模型和实际软件的贴合程度，模型越精确，攻击者破坏软件的机会越少，躲避检测的可能性越小，从而误报率和漏报率也越小。模型在原有软件基础上增加的时间消耗越小，其效率越高，从而更适用于实际系统。

本次实验的目的是：通过软件运行过程中的精确性和效率两个方面，比较 Dyck 模型、SJMJ 模型和 DTEMSB-ESL 模型。DTEMSB-JSL 模型引入了主观评价，使得在对软件行为信任评价时，考虑了人的主观因素影响，从而对不确定的描述较之传统的二值逻辑更为灵活和全面，所以应比 Dyck 模型更加精确；而 DTEMSB-ESL 模型保留了 SJMJ 模型中基于统计推断和概率理论的优点，并扩展了主观逻辑中的基率 a（根据式（3.10））和不确定因子 C（根据式（3.11）），其精确性应比上两种模型更高。由于 Dyck 模型考虑因素较多、时间复杂度和空间复杂度比较大、实用性不高，所以其效率应比 SJMJ 和 DTEMSB-ESL 模型低。

4.3.3 精确性

对于模型的精确性没有统一的测试标准，通过测试各模型的误报率和漏报率来比较其精确性，并在软件运行系统调用中考虑软件运行的相关函数参数、CPU、内存等环境数据。

Gzip 是 GNU zip 的缩写，是 GNU 开源的文件压缩程序。为了简化实验，本实验只选取两个检查点，分别设置在 Gzip 程序的第一个功能调用 v_0 和最后一个功能调用 v_1。精确性检查主要分为三个实验。

（1）更改流程，在 Gzip 源代码中加入跳转代码 Go to。

（2）在后台运行一个无关程序。

（3）程序中插入一段其他功能的小程序。假设 Gzip 程序从 v_0 运行到 v_1 为一次运行，则模型精确性实验结果如表 4.1 所示。

表 4.1 各模型精确性分析

结果 \ 实验 / 实验	更改流程	后台运行程序个数			插入小程序实验次数		
		1 个	3 个	10 个	10 次	100 次	5000 次
Dyck	100%	0	0	0	0	0	0
SJMJ	100%	20%	60%	90%	40%	42%	39%
DTEMSB-ESL	100%	75%	85%	98%	93%	94%	95%

由表 4.1 可知，Dyck、SJMJ 和 DTEMSB-ESL 模型都能 100%检测出流程变化。由于 Dyck 模型只采用静态分析机制，无法对动态的场景信息进行检测，所以始终无法检测出后台运行的程序的干扰。SJMJ 模型考虑了场景信息的动态不确定和随机因素，能够检测出后台程序的干扰。当后台运行程序个数很少时，由于其基率和不确定因子是常量，所以 E, b, u 对环境的变化不敏感，致使检测率较低，但随着后台运行程序个数的增长，环境变化明显，检测率也相应提高。DTEMSB-ESL 模型不仅考虑了场景信息的动态不确定和随机因素，还考虑了时间和空间的影响，使得对 E, b, u 的计算更加准确，所以即使在后台运行程序个数很少时也能检测出干扰。Dyck 模型采用静态分析机制，对不涉及流程的程序微调识别无能为力。SJMJ 和 DTEMSB-ESL 模型考虑了场景信息的动态不确定和随机因素，都能检测出插入小程序对 Gzip 的干扰，但 DTEMSB-ESL 使用动态的基率和不确定因子，比 SJMJ 更敏感，所以检测率更高。

4.3.4 效率

图 4.8 和图 4.9 分别显示了各程序应用模型评价前后的时间和空间消耗的比较。图 4.8 的条形框高度表示了目标程序应用模型后增加的时间百分比。图 4.9 中的 Gzip 柱形为程序未被监控时运行所需的内存空间，Dyck、SJMJ 和 DTEMSB-ESL 对应的各自模型所需的内存空间。

由于 Dyck 模型是基于自动机的，包括软件的数据流信息、上下文信息、分支数据，模型庞大，所以时间、空间消耗比 SJMJ、DTEMSB-ESL 模型大。由于 DTEMSB-ESL 模型保留了主观逻辑基于统计推断和概率理论的优点，并考虑了动态变化的不确定因子 C 和基率 a，其时间和空间消耗略大于 SJMJ 模型，但仍低于 Dyck 模型。

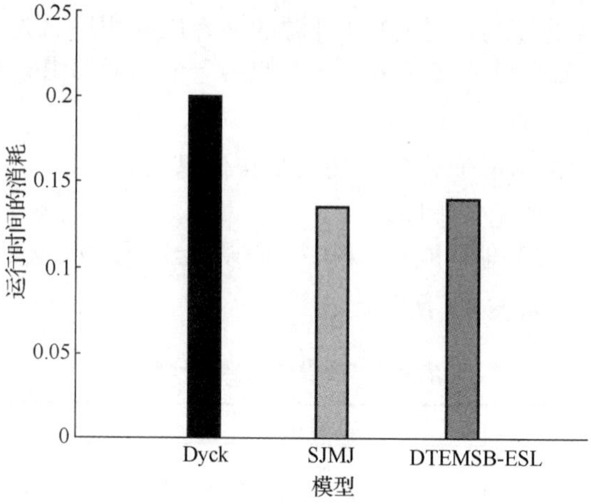

图 4.8　运行时间的消耗

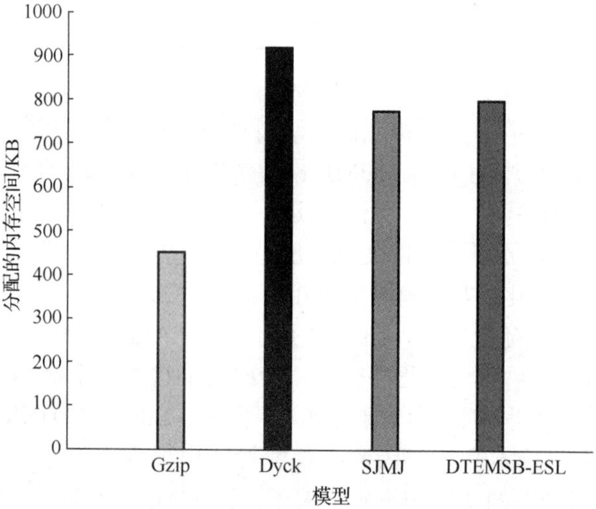

图 4.9　运行空间的消耗

4.4　方案二实验仿真与结果分析

4.4.1　实验环境

实验环境如下。

（1）主机配置：CPU 为 P4 3.06GHz，内存 2.49GB，硬盘 80GB，Linux 内核版本为 2.4.20。

（2）开发平台：以 AspectJ 为开发语言，以安装了 AJDT 插件的 Eclipse5.5.1 的 Java 为开发工具。

（3）实验对象：采用 Java 编写的 Gzip 作为目标程序。

4.4.2 实验结果与分析

实验从三方面对模型进行评价。

（1）DTM-ESL 与 Jøsang 模型敏感性对比。

（2）DTM-ESL 与 Jøsang 模型在安全性检测能力方面的比较。

（3）软件行为轨迹模型和 Dyck 等模型在检测能力方面的比较。

1. DTM-ESL 与 Jøsang 敏感性比较

本实验旨在比较两个模型对实验环境变化感知的敏感程度，因为软件在行为轨迹上任何微小的偏离都意味着危险。当由于某种原因使实验中观察的肯定次数 r（或否定次数 s）发生各种改变时，评价结果（期望 E）的变化情况如图 4.10 所示。

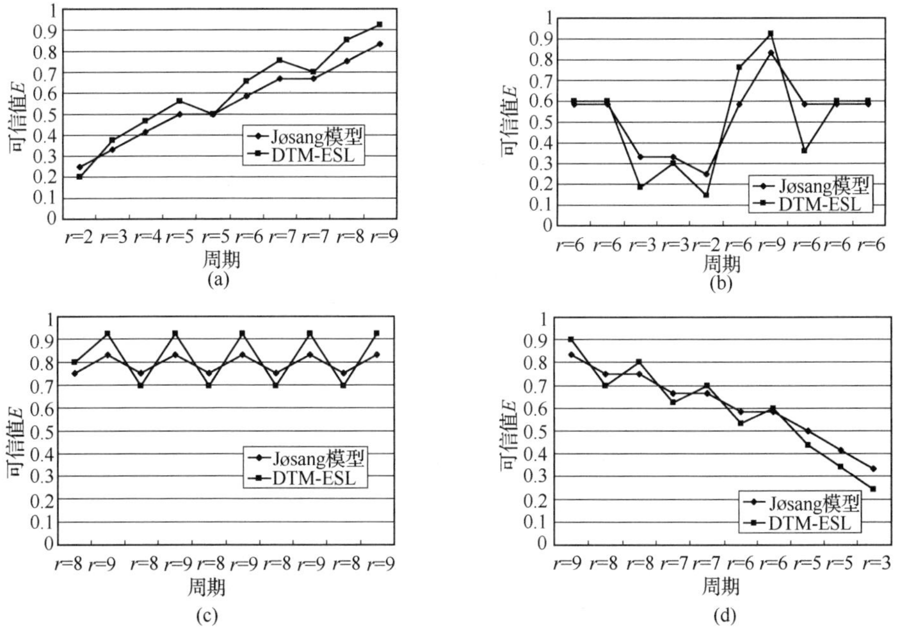

图 4.10　DTM-ESL 与 Jøsang 模型敏感性对比（观察次数 $r+s=10$）

图 4.10 说明在任何情况下，DTM-ESL 都比 Jøsang 模型对环境的变化具有更强的敏感性。其中，图 4.10(a)显示了当观察中肯定次数单调增加时，DTM-ESL 对被评价对象的积极表现，更注重未来趋势。开始时，由于表现较差，所以评价持审慎态度，一旦肯定表现有上升趋势，则给予明显的鼓励。图 4.10(b)则显示了当被评价对象的表现发生剧烈变化时的情况，DTM-ESL 对负面表现的惩罚和正面表现的奖励均具有更

大的力度，当被评价对象的表现趋于稳定时，评价结果也保持不变。图 4.10(c)显示了当被评价对象的表现出现均匀振荡时的情况。图 4.10(d)显示了当被评价对象的表现持续下降时的情况，DTM-ESL 更鼓励回暖，但对持续的否定表现惩罚也更大。出现上述结果的原因，主要是 DTM-ESL 在计算不确定因子 C 和基率 a 时，C 和 a 分别采用 3.1.1 节对应的方案二和方案三，不仅继承了其历史表现信息，还充分考虑了当前的表现，因此评价结果更敏感，也更客观。

2. DTM-ESL 与 Jøsang 模型在安全性检测能力方面的比较

在目标程序运行时，通过人为增减其后台运行的程序数，以检验各模型对场景信息变化的检测能力。以 Gzip 为目标程序对各模型进行仿真。

表 4.2 给出了目标程序的一些特性统计，其中静态列表示静态链接中统计的系统调用数；动态列为程序实际运行时统计到的系统调用数，其为软件行为轨迹中非分支检查点数与系统调用分支点和的最大值；用户调用表现了最坏情况下 Dyck 模型的监测点数目。

表 4.2　目标程序的特性统计

应用	函数	指令	系统调用		用户调用
			静态	动态	
Gzip	894	56740	96	470	2476

本实验中取周期 y=3，观察周期数 z=3，实验 1000 次。结果如表 4.3 所示。

表 4.3　DTM-ESL 与 Jøsang 模型的检测能力对比

实验 结果 模型	后台运行程序数的变化（前/后）					
	0/1	1/3	3/4	1/0	3/1	4/3
DTM-ESL	91.5%	93.3%	93.1%	91.0%	92.1%	92.4%
Jøsang 模型	86.3%	87.7%	83.3%	83.1%	87.2%	84.2%

实验结果表明，后台程序数的变化，必然会引起 CPU 进程排队数、内存驻留任务数发生变化，从而引发相应的各 r 和 s 值的变化。DTM-ESL 模型的基率 a 和不确定因子 C 随实验环境的变化而动态调整，使该模型对环境变化更为敏感，从而检测率也更高。运行场景的变化不能够完全检测出，主要是因为场景各因素之间是具有关联的，单靠后台运行程序数量的变化很难保证检测的完全、准确。

3. 软件行为轨迹模型和 Dyck 等模型在检测能力方面的比较

TSB 通过查看检查点标识是否与预期相符便可以评价软件的运行轨迹是否可信，从而能够检测出与控制流相关的攻击；通过考虑各个检查点处的场景信息的取值，可以评价软件的功能轨迹是否可信，可以检测出与数据流相关的攻击，所以理论上 TSB 是有效的。为了更好地验证该结论，选用 Linux 环境下常用的 FTP 服务器——wu-ftpd-2.6.0 为目标程序，应用攻击程序对其存在的典型漏洞进行攻击。另外，还对后台运行程序的监测能力进行测试，选择了一组自编的小程序，使之在后台与目标程序同时运行。为了突出检测能力，与既考虑流程与上下文信息，又考虑参数等信息的 Dyck 模型进行比较。表 4.4 为实验结果。脆弱性列为漏洞编号；描述列为漏洞描述；攻击类型列表示攻击类型，主要包括与控制流（control flow）相关的攻击和与数据流（data flow）相关的攻击；检测能力显示各评估模型能否检测出对应攻击。

表 4.4　wu-ftpd-2.6.0 的漏洞及评价结果

脆弱性	描　述	攻击类型	检测能力	
			Dyck	TSB
CVE-2004-0148	restricted-gid option enabled	Data Flow	√	√
CVE 2004-0185	S/Key authentication stack overflow	Control Flow	√	√
CVE 2003-0466	fb_realpath off-by-one bug	Control Flow, Data Flow	√	√
CVE-2001-0550	Heap corruption in file glob	Control Flow	√	√
CVE 2000-0573	SITE EXEC Buffer Overflow	Control Flow, Data Flow	√	√
CVE 2000-0574	gain root access by a format attack	Control Flow, Data Flow	√	√
Background program	Memory footprint or destroying files	Trojan, virus	×	√

注：√表示可以发现攻击；×表示不能发现攻击

由表 4.4 可知，对于漏洞 CVE-2004-0148 的攻击，不改变程序流程，在对 TSB 的功能轨迹的可信性进行评价时，会引发参数异常，从而发现攻击。对于针对其他漏洞的攻击，依次为基于栈溢出、整数溢出、堆溢出、格式字符串溢出的攻击，都需要改变系统调用序列来完成攻击目标。对于此类攻击，模型进行评价时会导致运行轨迹偏离。这说明 TSB 不仅可以正确评价改变控制流的攻击，还可以检测出与数据流等相关的攻击。TSB 对于后台运行程序的感知能力方面具有明显优势，这是因为该模型所定义的行为轨迹充分考虑了运行场景，如 CPU 进程数、内存分配情况等。实验说明了只有同时考虑控制流信息、数据流信息、上下文信息以及实时环境信息等才能开发出检测能力强的软件行为模型。

4.5　本 章 小 结

本章主要介绍了 DTEMSB-ESL 信任模型。首先给出了 DTEMSB-ESL 信任模型的相关概念和流程，又对主观逻辑进行了扩展，然后提出了本模型的标识评价规则和场景评价规则。考虑到人的主观认识和客观事物本身具有随时空变化而变化的特征，通过将不确定因子和基率动态化，扩展了 Jøsang 的主观逻辑理论，使之具有建模动态信任关系的能力，并以软件行为可信性评价为例探讨了该模型应用的一般方法。研究中发现：①场景中各属性对判别软件行为可信性的贡献是不同的，如何分配各属性的权重将是下一步研究的主要内容；②场景中各属性间具有关联性，对这种关联性进行挖掘、建模将会进一步提高模型的监测能力。

参 考 文 献

[1] 陈火旺, 王戟, 董威. 高可信软件工程技术. 电子学报, 2003, 31(12): 1933-1938.

[2] Ji M, Orgun M. Trust management and trust theory revision. IEEE Transactions on Systems, Man and Cybernetics, 2006, 18(6): 451-460.

[3] 王怀民, 唐扬斌, 尹刚, 等. 互联网软件的可信机理. 中国科学, 2006, 36(10): 1156-1167.

[4] 林闯, 彭雪海. 可信网络研究. 计算机学报, 2005, 28(5): 751-758.

[5] 董威,毛新军,陈磊,等. 基于 Agent 的软件可靠性评估系统. 计算机科学, 2000, 27(6): 28-31.

[6] Jøsang A. A logic for uncertain probabilities. International Journal of Uncertainty, Fuzziness and Knowledge-Based Systems, 2001, 9(3): 1-31.

[7] Jøsang A. The consensus operator for combining beliefs abstract. Artificial Intelligence Journal, 2002, 142(4): 147-170.

[8] Jøsang A, Hayward R, Pope S. Trust network analysis with subjective logic. 29th Australasian Computer Science Conference, 2006: 48.

[9] Jøsang A, Bhuiyan T. Optimal trust network analysis with subjective logic. 2nd International Conference on Emerging Security Information, Systems and Technologies, 2008.

[10] Jøsang A. Conditional reasoning with subjective logic. Multiple-Valued Logic and Soft Computing, 2008, 5(1): 5-38.

[11] 刘玲, 缪淮扣. 对逻辑覆盖软件测试准则的公理化评估. 软件学报, 2004, 15(9): 1301-1309.

[12] 徐锋, 吕建, 郑玮. 一个软件服务协同中信任评估模型的设计. 软件学报, 2002, 14(6): 1034-1051.

[13] 张德平, 聂长海, 徐宝文. 软件可靠性评估的重要抽样方法. 软件学报, 2009, 20(10): 2859-2866.

[14] Hofmeyr S A, Somayaji, Forrest S. Intrusion detection system using sequences of system calls. Journal of Computer Security, 1998, 6(3): 151-180.

[15] Feng H H, Kolesnikov O M, Fogla P, et al. Anomaly detection using call stack information// Proceedings of the 2003 IEEE Symp On Security and Privacy, 2003: 62-75.

[16] Wager D,Dean D. Intrusion detection via static analysis// Proceedings of the IEEE Symp On Security and Privacy, 2001: 156-168.

[17] Giffin J T, Jha S, Miller B P. Efficient context-sensitive intrusion detection. Recent Advances in Intrusion Detection (RAID), 2005: 1-15.

[18] 陆炜, 曾庆凯. 一种基于控制流的程序行为扩展模型. 软件学报, 2007, 18(11): 2841-2850.

[19] 苏璞睿. 基于特权进程行为的入侵检测方法研究[博士学位论文]. 北京：中国科学院软件研究

所, 2004.

[20] 宋博, 陈明宇, 樊建平. 一种基于进程执行行为分析的图形界面交互系统性能评测方法. 计算机学报, 2009, 32(7): 1393-1402.

[21] 徐明迪, 张焕国, 严飞. 基于标记变迁系统的可信计算平台信任链测试. 计算机学报, 2009, 32(4): 635-645.

[22] 李晓勇, 韩臻, 沈昌祥. Windows 环境下信任链传递及其性能分析. 计算机研究与发展, 2007, 44(11): 1889-1895.

[23] Yang Y, Wang Q, Li M S. Process trustworthiness as a capability indicator for measuring and improving software trustworthiness. International Conference on Software Process, 2009: 389-401.

[24] 杨善林, 丁帅, 褚伟. 一种基于效用和证据理论的可信软件评估方法. 计算机研究与发展, 2009, 46(7): 1152-1159.

[25] 赵会群, 孙晶. 面向服务的可信软件体系结构代数模型. 计算机学报, 2010, 33(5): 890-899.

[26] Lu G, Wang H, Mao X. Using ELECTRE TRI outranking method to evaluate trustworthy software. The 7th International Conference on Ubiquitous Intelligence and Computing, 2010: 219-227.

[27] Sekar R, Bendre M, Bollineni P, et al. A fast automaton-based method for detecting anomalous program behaviors. IEEE Symp On Security and Privacy, 2001: 144-155.

[28] Kim J E, Kapoor P, Herrmann M, et al. Software behavior description of real-time embedded systems in component based software development. 11th IEEE Symposium on Object Oriented Real-Time Distributed Computing(ISORC), 2008: 307-311.

[29] Porres I. Modeling and analyzing software behavior in UML. Computer Science Ado Akademi University, 2001.

[30] Nir O, Timothy J N, Alun P. Subjective logic and arguing with evidence. Artificial Intelligence, 2007,171: 838-854.

[31] Venkat B, Vijay V, Uday T. Subjective logic based trust model for mobile ad hoc networks// Proceedings of the 4th International Conference on Security and Privacy in Communication Networks, 2008: 30.

[32] 毕方明, 张虹, 罗启汉. 面向对等网络的主观逻辑信任模型. 计算机工程与应用, 2009, 45(33): 99-102.

[33] 姚寒冰, 胡和平, 卢正鼎, 等. 一种基于主观逻辑理论的 P2P 网络信任模型. 计算机科学, 2006, 33(6):29-31.

[34] 林剑柠, 吴慧中. 基于主观逻辑理论的网络信任模型分析. 计算机研究与发展, 2007, 44(8): 1365-1370.

[35] 王守信, 张莉, 李鹤松. 一种基于云模型的主观信任评价方法. 软件学报, 2010, 21(6): 1341-1352.

[36] 王进, 孙怀江. 一种用于信任管理的新主观逻辑. 计算机研究与发展, 2010, 47(1): 140-146.

[37] 王勇, 代桂平, 姜正涛, 等. 基于主观逻辑的群体信任模型. 通信学报, 2009, 30(11): 8-14.

第 5 章　基于主观逻辑的可信软件评估模型

近年来，软件的可信性成为软件质量的焦点，对软件可信性的分析和度量成为热点问题。关于软件可信性的研究工作主要集中在两个方面。一方面是从软件演化理论以及软件自适应性等提高软件可信性。Mohammad 等[1]提出可信赖的基于组件的系统开发的正式方法。该方法涉及规范组件的结构和功能，而非功能属性（可信性）是利用指定结构和受指定属性限制的模型转换技术用于组件行为的自动生成，并且利用模型检测设计一个安全统一的形式化验证方法。Calinescu 等[2]利用定量检验延长软件的操作运行时，有效增强了软件的自适应性。Paravastu 等[3]认为信任在软件项目方面是一个用户对于运行一个软件所得结果的期望，不论监测或控制软件的能力，软件都会如用户期望的那样执行特定操作，这对于用户来说是非常重要的。研究了信任在应用到无生命的软件项目时起到的作用，在软件的可预测性和性能方面，提出的构建用来处理诚信信念，分别对应于一个局部的概念重叠和人际诚信信念的可预见性能力。

另一方面是对软件可信性建立评估模型，需要指出的是，这也是研究的重点。王越等[4]提出一个软件可信性需求的概念框架，在此框架的基础上，构建了软件可信性需求知识库；设计了软件可信性需求模式框架，并且通过知识库的内容对模式进行实例化过程，用来获取可信需求。

司冠南等[5]认为目前的研究方法在对单个构件的可信性评估方面已取得一些成果，能够从代码、质量模型、信任模型等多方面对构件的可信性进行评估。然而网构软件是一个整体，它由多个构件利用 Internet 进行交互、协同而构成。不能使用单个构件可信性的简单叠加对系统整体可信性进行评估，目前在这方面研究成果较少。另外，现有的系统级可信评价模型主要针对传统软件系统，未能考虑网构软件的特性，其可信性计算没有深入考虑系统结构，多是基于黑盒的。

另外，由于互联网的开放性，现实中存在着大量不同开发商提供的功能相似或相同的服务。如何选择可信性最高的服务，并在服务间的兼容性、单个服务的可信性，以及由服务组合而成的系统整体的可信性间进行平衡，也是网构软件可信性评估研究所要考虑的重要问题。他们通过建立多层的网构软件可信性评估指标体系，对网构软件的各组成实体及其系统整体的多方面可信性指标进行评估，提出了基于贝叶斯网络采用自底向上逐层分析计算的方法。

Wang 等[6]提出了基于规则的证据驱动的软件可信性评估框架，将可信证据收集以及处理逻辑封装在规则中，其规则用来可信性评估逻辑表达方法，证据用来驱动可信性评估操作过程。以上相关工作多是软件可信性评估的框架性工作，为软件的可信性评估建模提供了一定的准备工作，但没有具体的设计，如何进行软件的可信性评估。

Ding 等[7]指出软件可信性度量与评估方法虽然已获得许多有价值的成果，但研究工作缺乏系统性、可集成性，主要表现在：不同的软件具有不同的可信性评估需求，有必要研究一种普适性的可信性评估推理过程，并由此构建可以适用不同的应用背景的可信性评估模型。由于受到软件环境、评估数据、决策专家不确定的影响，不确定性已经成为软件可信性评估的基本特征，如何建立不确定性软件可信性评估模型是一个必须要应对的挑战。现有的工作只是关注可信证据或可信属性的集结方法，事实上，有很多因素能够影响可信性评估结果的正确性，因此，提出的模型未能很好地解决此类问题。

随着信息技术的快速发展，已有可信性评估问题研究缺乏对云计算环境的充分考虑。因此，他们重点研究了软件可信性评估模型中定量指标和定性指标的不确定性，采用证据推理的方法，利用不确定性度量来解决软件可信评估问题中具体的可信性需求，而其在权重的设定上，采用客观的信息熵方法，而不考虑人们对软件可信性指标的主观认识，这样的方法并不十分合理。

刘玉玲等[8]认为现有多数研究仅用监测软件行为是否满足行为规约来判断软件是否可信，如果行为规约定得较紧，则误报率就会很高；然而，行为规约如果定制宽松，则很多未知的风险是检测不到的。作者根据检查点在软件运行时监测到的场景信息来分析风险发生的可能性。风险发生后，场景中的很多属性信息会发生变化，为了讨论方便，选择了其中变化比较直观的 CPU 使用率、内存占用率和软件执行时间作为场景信息的 3 个风险因素。提出基于软件行为的检查点风险评估信任模型，模型虽然能够对既定的关键检查点进行软件可信性的评估，但是其实时性依然较差。

周献中等[9]认为若在某一环境条件下，软件系统的动态行为及其结果不能符合人们的预期时，则称软件是失信的。由于软件可信性兼具客观性和主观性，所以软件失信与否与用户的主观判断有直接的联系，软件可信性的某一子属性的不完善并不代表失信。例如，对于一个具有高可靠的军事软件系统，若其保密性达不到用户的期望，则软件仍被认为是失信的；而对于一个网络系统，虽然完整性达不到用户要求，但是可靠性、安全性优越，用户依然认为该软件系统是可信的。因此，基于软件可信性的概念，从逆向思维角度入手，考量软件失信及故障、缺陷、失效、错误之间的关系，提出“失信因子”这一概念，设计了一种基于 WBS-RBS 的识别框架，研究对失信因子收集、识别和分类的方法。

上述模型中，主要是对软件的非功能性属性指标或根据软件行为进行的软件可信性评估，而软件运行环境动态的改变对软件可信性的影响考虑较少。在很多应用场景下，仅保证功能正确性和有效性是不够的。

软件系统在向外提供服务的过程中，可能面临各种干扰，如病毒、未预测的负载、拒绝服务攻击等来自于环境的各种威胁。特别是互联网技术日益普及的情况下，一方面，系统软件环境特征呈现出动态开放性。为了完成特定业务功能的软件系统，可能需要与环境中存在的各种对象（包括人、硬件对象、传感器、软件对象等）密切交互。环境对象的多样性以及环境对象自身特性的差异性，都会对软件行为带来不可预期的负面影响。

另一方面，环境的动态开放性也使得恶意的环境对象能够利用与软件系统的交互对其正常行为产生负面影响，从而导致软件系统可信性的降低[1]。

古亮等[10]为了提供客观、真实、全面的可信证据，提出了一种基于可信计算技术的软件运行时可信证据收集机制。他通过引入可信证据收集代理客观地收集目标应用程序的运行时能够成为软件可信证据的信息，保证可信证据本身的可信性，这为研究工作提供了良好的基础。

Bettini 等[11]提出了环境上下文建模方法和推理技术。丁博等[12]提出了一种支持软件环境适应能力细粒度在线调整的构件模型，该模型从行为和环境两个角度来考察软件可信性。上述关于软件运行环境的工作也仅是采集和框架性的工作。

由于软件运行环境的动态开放性和不确定性对软件的可信性具有较大的影响，本章通过考察软件运行环境的变化，考量其对软件可信性的影响，并利用主观逻辑建立软件可信性评估模型，模型能够实时地把握软件的运行状态，动态地对软件可信性进行评估。下面将对模型进行详细介绍。

5.1　软件运行环境属性的选取

软件可信性由一些属性组成：正确性、安全性、可靠性、可用性、实效性，软件可信性评估被认为是一种多属性决策分析问题，而这一类模型的评估结果和技术指标经常来自于专家观点和他们过去的主观经验，最新的知识和信息缺乏导致评估结果失实[7]。因此，为了实时地把握软件的运行状态，动态地对软件可信性进行评估，更加关注软件运行环境属性，为简单记，以下提及属性（指标）均指可以被观测到并可以定量描述的软件运行环境属性。软件运行的环境包括进程上下文、线程信息、方法、域字段等，但是，所归纳的监控目标和监控属性是一个监控范畴的基本集合，并不能涵盖所有的监控需求。因此，针对不同的需求分析和设计规范，选择相应的属性[13]。

如前面所述，软件运行环境的动态性和不确定性对软件的可信性带来巨大的影响，通过考察软件运行环境的改变来评估软件可信性是一种合理可行的方法。虽然可以观测到的软件运行环境属性很多，但是每个属性对软件可信性的影响程度又有不同，因此，试图将属性先进行区分定义。

对于那些属性的改变对软件的可信性影响较大，将其定义为关键属性；属性虽然有变化，但是对软件的可信性没有影响或影响较少，将其定义为非关键属性。关键属性为评估必须检测的属性，而非关键属性，可以由用户自主选择。这样做的意义在于：第一，模型只需要重点观测关键属性，减少开销；第二，在区分属性的同时，完成一般意义下的属性权重的设置。对于第二点，由于软件种类的不同，重点关注的环境属性也就不同。例如，对于一些常用办公软件，更加关注像 CPU、内存等系统属性，而像带宽、连接等网络属性对这类软件的可信性影响不大；而一些浏览器或者聊天工具这类与网络交互比较密切的软件更加关注网络属性。具体评估某个软件时，要考虑软件的需求和应用，才能更加准确地设置属性的权重，这些与专家或评估者的主观偏好密切相关，因此，5.4 节设计了群偏好的主观的权重设置方法。

5.2　基于主观逻辑的可信软件评估流程

评估模型的流程图如图 5.1 所示。

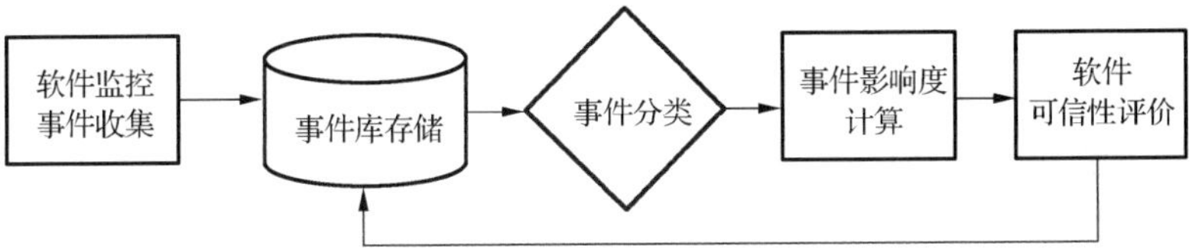

图 5.1　软件可信性评估模型流程图

评估模型的步骤如下。

（1）进行软件监控事件收集、监控软件行为和收集软件运行时关注的上下文状态信息（运行场景信息），将收集到的信息交送事件库存储。

（2）事件库存储并标准化软件运行稳态时以及运行时的相关环境属性值状态标准化信息。

（3）当软件运行环境变化时，事件感知器应该具有这样的知识，能够判断属性的变化是否属于正常行为还是异常行为（如软件行为监控器）；然后，对发生的事件分为正事件或负事件。

（4）根据当前评估策略（详细内容见粗细粒度策略）统计，计算正负事件对软件可信性的影响。

（5）根据主观逻辑思想，综合各个观察周期的可信性影响量，对软件可信性进行动态的评价。

5.3　评 估 算 法

下面将详细描述步骤（4）和步骤（5）的具体评估算法。假设属性指标集 $\{x_1, x_2, \cdots, x_n\}$，在 m 次观察中得到 m 组相应指标集的初级处理（包括定性到定量转化，连续数据离散化）后的观察矩阵 $\boldsymbol{A}_{ij}$，m 表示一个周期内的观察次数。x_{ij} 表示属性 i 在第 j 次实际观察值（$i=1,2,\cdots,n$； $j=1,2,\cdots,m$）。需要说明的是，这 m 次观察，可以由关键检查点、定时抽查以及随机的故障事件组成，因此，使得模型具有灵活的动态性和较高的实时性。

$$A_{ij} = (x_{ij})_{m\times n} = \begin{bmatrix} x_{11} & x_{12} & \cdots & x_{1n} \\ x_{21} & x_{22} & \cdots & x_{2n} \\ \vdots & \vdots & & \vdots \\ x_{m1} & x_{m2} & \cdots & x_{mn} \end{bmatrix}$$

对于矩阵中属性 x_i 列，都有训练标准值 $\tilde{X}_i$。设 m 次观察中，属性 i 总的正事件数为 r_i^+，属性 i 总的负事件数为 s_i^-。

为了平衡计算精度和计算消耗，将计算属性变化对软件可信性的影响分为粗粒度策略和细粒度策略两种。

1．粗粒度策略

对于任意一个关注的属性 i，如果该属性的实际观察值的变化产生了足以让事件感知器感知的事件，那么根据属性的类型（成本型、稳定型、效益型）判断事件的性质。以稳定型属性指标为例，如果实际观察值与标准值相等，则定义为正事件，并记正事件数加 1；反之，定义为负事件，并记负事件数加 1。如此累计得到 m 次观察中所有正事件数 R 和负事件数 S，最后根据 2.1 节主观逻辑中的观点期望值计算式(2.16)，计算出软件可信性评估值。需要指出的是，在粗粒度策略中，并不精细地考虑该证据对软件可信性精确的影响程度。粗粒度策略相对简单，接下来详细描述细粒度策略。

2．细粒度策略

要精确地衡量属性的这种变化对可信性带来的影响程度，以效益型属性指标为例，把一个实际观察值大于其所在列的训练标准值定义为正事件，如图 5.2 所示，观察值 e 和 f 均大于训练标准值 $\tilde{X}_i$，都是正事件，而 f 对软件可信性的影响比 e 大，因此，定义 k_i^+ 表示正事件属性 i 对软件正可信性的影响量为

$$k_i^+ = \frac{X_i - \tilde{X}_i}{\mathrm{Max} - \tilde{X}_i} \tag{5.1}$$

式中，X_i 表示实际观察值，Max 表示在 m 次观察中属性 i 列的最大值，这样做的目的是在两个实际属性观察值都为正事件的情况下，能够体现观察值 f 与观察值 e 对软件正可信性的影响量的不同。

图 5.2　正事件的对属性 i 正面影响量示意图

设 a_i、b_i 分别为属性 i 训练标准值的最小值和最大值，X_i 为实际观察值。根据属性类型的不同分别定义软件正可信性的影响量。

1）效益型

观察值大于其训练标准值 $\tilde{X}_i$ 为正事件，观察值离 $\tilde{X}_i$ 的距离越大越好；反之，观察值小于其训练标准值 $\tilde{X}_i$ 为负事件。

（1）正事件的正可信性影响量 k_i^+，其表达式为

$$k_i^+ = \mathrm{Min}\left(\frac{X_i - \tilde{X}_i}{b_i - \tilde{X}_i}, 1\right) \tag{5.2}$$

（2）负事件的负可信性影响量 k_i^-，其表达式为

$$k_i^- = \frac{\tilde{X}_i - X_i}{b_i - X_i} \tag{5.3}$$

计算中，可取 $\tilde{X}_i = a_i$。

2）成本型

观察值小于其训练标准值的 $\tilde{X}_i$ 为正事件，观察值离 $\tilde{X}_i$ 的距离越大越好；观察值大于 $\tilde{X}_i$ 为负事件。

（1）正事件的正可信性影响量 k_i^+，其表达式为

$$k_i^+ = \mathrm{Min}\left(\frac{\tilde{X}_i - X_i}{\tilde{X}_i - a_i}, 1\right) \tag{5.4}$$

（2）负事件的负可信性影响量 k_i^-，其表达式为

$$k_i^- = \frac{X_i - \tilde{X}_i}{X_i - a_i} \tag{5.5}$$

计算中，可取 $\tilde{X}_i = b_i$。

对于稳定型属性，有以下两种情况。

情况 1　该属性有一个稳定区间 $[a_i, b_i]$，只要观察值在区间内，就为正事件，且在区间内的任意值对软件正可信性影响无差异；否则，为负事件，观察值越偏离该稳定区间，对软件负可信性影响越大。根据以上定义，在 m 次观察中，对于属性 i，若无负事件发生，则必有 $[c_i, d_i] \subseteq [a_i, b_i]$，若有负事件发生，则有 $c_i < a_i$ 或者 $d_i > b_i$。

（1）正事件的正可信性影响量 k_i^+，其表达式为

$$k_i^+ = 1 \tag{5.6}$$

（2）负事件的负可信性影响量 k_i^-，其表达式为

$$k_i^- = \frac{a_i - X_i}{a_i - c_i}, \quad X_i \in [c_i, a_i) \tag{5.7}$$

$$k_i^- = \frac{X_i - b_i}{d_i - b_i}, \quad X_i \in (b_i, d_i] \tag{5.8}$$

情况 2　该属性有一个稳定值 $\tilde{X}_i$，当且仅当观察值等于该稳定值时，其为正事件；否则，其为负事件。

（1）正事件的正可信性影响量 k_i^+，其表达式为

$$k_i^+ = 1 \tag{5.9}$$

（2）负事件的负可信性影响量 k_i^-，其表达式为

$$k_i^- = 1 \tag{5.10}$$

综上所述，设属性 i 的权重为 ω_i，ω_i 的计算方法见 5.4 节。m 次观察中，所有属性对软件正可信性影响量为

$$R^+ = \sum_{i=1}^{n} \omega_i \left(\sum_{i=1}^{r_i^+} k_i^+ \right) \tag{5.11}$$

所有属性对软件负可信性影响为

$$S^- = \sum_{i=1}^{n} \omega_i \left(\sum_{i=1}^{s_i^-} k_i^- \right) \tag{5.12}$$

那么，根据主观逻辑的思想，软件可信性的计算公式为

$$\text{Trust} = \frac{R^+}{R^+ + S^- + C} = \frac{\sum_{i=1}^{n} \omega_i k_i^+ + C \sum_{i=1}^{n} \omega_i a}{C + \sum_{i=1}^{n} \omega_i k_i^+ + \sum_{i=1}^{n} \omega_i k_i^-} \tag{5.13}$$

5.4 群决策偏好部分权重分配方案

考虑决策者的主观偏好，这里有两种情况：单一决策者和群决策。在这一部分提出一种基于群决策者偏好序算法的赋权方案。

假设 P 个决策者对 M 个方案 $S = \{S_1, S_2, \cdots, S_M\}$ 进行偏好排序，决策者 D_i 给出偏好排序的第 k 个位置可以放置的方案集：$S_{ik} = \{S_j \in S\}$，这里决策者可以在该位置给出任意多个属于 S 的方案。例如，假设有两个决策者（D_1，D_2）和四个方案 $\{S_1, S_2, S_3, S_4\}$。两个决策者给出的偏好序分别为

$$S_{11} = \{S_2\}, S_{12} = \{S_3\}, S_{13} = \{S_1\}, S_{14} = \{S_4\}$$
$$S_{21} = \{S_2\}, S_{22} = \{S_2, S_3\}, S_{23} = \{S_1, S_3\}, S_{24} = \{S_1, S_3, S_4\}$$

为了计算方便，偏好序矩阵用 $\boldsymbol{A}_{kj}^i$ 表示，如果决策者 i 在第 k 个位置放置第 j 个方案，那么 $a_{kj} = 1$；否则 $a_{kj} = 0$。

两个决策者给出的偏好序对应的偏好序矩阵为

$$A_{kj}^{1}=(a_{kj}^{1})_{4\times4}=\begin{bmatrix}0&1&0&0\\0&0&1&0\\1&0&0&0\\0&0&0&1\end{bmatrix}\qquad A_{kj}^{2}=(a_{kj}^{2})_{4\times4}=\begin{bmatrix}0&1&0&0\\0&1&1&0\\1&0&1&0\\1&0&1&1\end{bmatrix}$$

如果不考虑决策者自身权重或者决策者权重都相同，可以认为每个决策者自身权重均为 1，那么可以直接通过偏好序矩阵 $\boldsymbol{A}_{kj}^{i}$ 统计第 k 个位置放置方案 i 的个数 t_{ki} ，这样可以得到统计偏好矩阵 $\boldsymbol{T}_{ki}$ ；如果考虑决策者自身权重，假设 P 个决策者自身权重项量为 $\boldsymbol{P}=(\omega_1,\omega_2,\cdots,\omega_P)$ ，决策者的权重可以根据对待评项目所负责任的大小以及在决策群中的声望来分配，那么偏好序矩阵 $\boldsymbol{A}_{kj}^{i}$ 要与其决策者自身权重相乘，然后再进行统计，得到带有决策者自身权重信息的统计偏好矩阵 $\boldsymbol{T}_{ki}$ ，即

$$T_{ki}=\sum_{i=1}^{P}\boldsymbol{A}_{kj}^{i}\omega_i \tag{5.14}$$

如果决策者自身具有相同的权重，那么统计偏好矩阵 $\boldsymbol{T}_{ki}$ 为

$$\boldsymbol{T}_{kj}=(t_{kj})_{4\times4}\begin{bmatrix}0&2&0&0\\0&1&2&0\\2&0&1&0\\1&0&1&2\end{bmatrix}$$

另外，假设第 k 个位置的重要性表示为

$$I_k=1-(k-1)/M \tag{5.15}$$

最终计算的方案的偏序项量值为

$$\boldsymbol{P}=[\boldsymbol{T}_{kj}]^{\mathrm{T}}\times I_k \tag{5.16}$$

由 $I_k=1-(k-1)/M$ ，得到 $I_1=1$， $I_2=0.75$ ， $I_3=0.5$ ， $I_4=0.25$ ，则

$$\boldsymbol{I}=(1,\quad 0.75,\quad 0.5,\quad 0.25)^{\mathrm{T}}$$

那么，四个方案的偏序值为 $\boldsymbol{P}=[\boldsymbol{T}_{kj}]^{\mathrm{T}}\times\boldsymbol{I}=(1.25,\quad 2.75,\quad 2.25,\quad 1)$ 。

通过比较偏序项量值的大小，可以得出方案的偏序关系。对应的偏序关系为 $S_2\succ S_3\succ S_1\succ S_4$。

由于这部分要设计的是决策者偏好的属性权重分配，只需要将方案集看作属性集，就可以依上述方法计算属性偏序项量值，再进行归一化处理就可以得到相应属性的权重。

依上例，将 S 集看作属性集，那么四个属性的权重为（0.172，0.379，0.311，0.138）。

5.5　软件可信性评估仿真实验

为了验证该模型的有效性，在 CPU 为 Intel Core 2 Duo CPU E7500 2.93GHz，内存 1.98GB，Windows XP 的主机上进行仿真实验。被检测软件为 360 浏览器，被测访问网站

为网易。以 CPU 使用率（峰值）、占用内存、文件系统大小、响应时间、网速五个监测环境属性为例，对软件进行可信性评估。

利用 360 流量防火墙和 Window 任务管理器测得实验数据。在相对稳定的环境下，经过 100 次观察得到环境属性的训练标准值，结果见表 5.1。

表 5.1　环境属性标准值

属性 / 标准值	CPU 使用率/%	占用内存/KB	连接数/个	文件系统大小/B	响应时间/s	网速/（Kbit/s）
最大值	51	160238	3	2377152	2.2	256
最小值	40	98056	3	2377152	0.23	183

评估以 10 次为一个观察周期，一共 10 个周期，以第三周期观察数据为例，数据见表 5.2。

表 5.2　第三周期观察数据

属性 / 观察次数	CPU 使用率/%	占用内存/KB	连接数/个	文件系统大小/B	响应时间/s	网速/（Kbit/s）
1	42	101924	3	2377152	0.34	251
2	46	105368	3	2377152	0.23	194
3	40	108416	3	2377152	0.23	229
4	49	103244	3	2377152	0.23	236
5	50	113964	3	2377152	0.31	235
6	48	105660	3	2377152	0.25	230
7	46	107252	3	2377152	1.32	217
8	47	119944	3	2377152	0.77	225
9	47	115248	3	2377152	1.5	228
10	45	105164	3	2377152	1.34	239

经过分析，五个属性中，CPU 使用率、占用内存这两个属性属于稳定型属性情况 1，连接数和文件系统大小是稳定型属性情况 2，响应时间为成本型属性，网速为效益型属性。根据属性类型，分别利用式（5.2）～式（5.10）计算每个正负事件对软件可信性的影响量，结果见表 5.3。

表 5.3　第三周期观察数据对软件可信性的正影响量

属性影响量 / 次数	CPU 使用率	占用内存	连接数	文件系统大小	响应时间	网速
1	1.000	1.000	1.000	1.000	0.952	0.932
2	1.000	1.000	1.000	1.000	1.000	0.151
3	1.000	1.000	1.000	1.000	1.000	0.630
4	1.000	1.000	1.000	1.000	1.000	0.726
5	1.000	1.000	1.000	1.000	0.965	0.712

续表

次数＼属性影响量	CPU 使用率	占用内存	连接数	文件系统大小	响应时间	网速
6	1.000	1.000	1.000	1.000	0.991	0.644
7	1.000	1.000	1.000	1.000	0.520	0.466
8	1.000	1.000	1.000	1.000	0.762	0.575
9	1.000	1.000	1.000	1.000	0.441	0.616
10	1.000	1.000	1.000	1.000	0.511	0.767

具有相同权重的五名专家(D_1, D_2, D_3, D_4, D_5)对六个属性$\{A_1, A_2, A_3, A_4, A_5, A_6\}$的偏好权重矩阵如下所示。

	第 1 个位置	第 2 个位置	第 3 个位置	第 4 个位置	第 5 个位置	第 6 个位置
D_1	$\{A_5,A_6\}$	$\{A_1,A_5,A_6\}$	$\{A_1,A_2,A_4\}$	$\{A_1,A_2,A_4\}$	{—}	$\{A_3\}$
D_2	$\{A_6\}$	$\{A_2,A_6\}$	$\{A_2,A_4,A_5,A_6\}$	$\{A_1,A_4,A_5,A_6\}$	$\{A_1,A_4,A_5,A_6\}$	$\{A_3,A_6\}$
D_3	$\{A_2\}$	$\{A_6\}$	$\{A_5\}$	$\{A_1\}$	$\{A_4\}$	$\{A_3\}$
D_4	$\{A_6\}$	$\{A_2,A_6\}$	$\{A_2,A_5\}$	$\{A_1,A_4,A_5\}$	$\{A_1,A_3,A_4\}$	$\{A_1,A_3,A_4\}$
D_5	$\{A_6\}$	$\{A_2,A_5,A_6\}$	$\{A_2,A_5,A_6\}$	$\{A_4\}$	$\{A_1,A_4\}$	$\{A_3\}$

根据 5.4 节描述的权重分配算法，可以计算出六个属性的权重（0.138, 0.197, 0.044, 0.143, 0.167, 0.310）。

根据式（5.11）计算出 $R^+ = 8.872$ 。由于第三周期没有负事件发生，所以负事件影响量 $S^- = 0$ 。

利用式（5.13）计算出第三周期的软件可信性为 Trust=0.905（取 C=2, a=0.5）。从上面的结果可以看到目前的浏览器软件是可信的，提供的模型可以实时并且高效地评估当前软件的可信状态。

5.6 本章小结

本章设计了软件可信性评估方案。其中包括软件运行环境属性的选取，基于主观逻辑的可信软件评估流程和评估算法，并对提出的评估方案进行了仿真实验。实验结果表明，提出的模型能够实时地把握软件的运行状态，高效而动态地对软件可信性进行评估，为电子商务交易环境和交易工具的安全可靠性提供有效的保障。

参考文献

[1] Mohammad M, Alagar V. A formal approach for the specification and verification of trustworthy component-based systems. Journal of Systems and Software, 2011, 84(1): 77-104.

[2] Calinescu R, Ghezzi C, Kwiatkowska M, et al. Self-adaptive software needs quantitative verification

at runtime. Communications of the ACM, 2012, 55(9): 69-77.

[3] Paravastu N, Gefen D, Creason S B. Understanding trust in IT artifacts: an evaluation of the impact of trustworthiness and trust on satisfaction with antiviral software. ACM SIGMIS Database, 2014, 45(4): 30-50.

[4] 王越，刘春，张伟，等．知识引导的软件可信性需求的提取．计算机学报，2011，34(11): 2165-2175.

[5] 司冠南，任宇涵，许静，等．基于贝叶斯网络的网构软件可信性评估模型．计算机研究与发展，2012, 49(5): 1028-1088.

[6] Wang X, Liu S, Bao T. An evidence-driven framework for trustworthiness evaluation of software based on rules. Chinese Journal of Electronics, 2012, 21(4):589-593.

[7] Ding S, Ma X J, Yang S L. A software trustworthiness evaluation model using objective weight based evidential reasoning approach. Knowl Inf Syst, 2012, 33:171-189.

[8] 刘玉玲，杜瑞忠，冯建磊，等．基于软件行为的检查点风险评估信任模型．西安电子科技大学学报(自然科学版), 2012, 39(1): 179-190.

[9] 周献中，占济舟，李檬，等．软件失信的根源因素：失信因子．系统工程理论与实践，2011, 31(12): 2410-2418.

[10] 古亮，郭耀，王华，等．基于 TPM 的运行时软件可信证据收集机制．软件学报，2010，21(2): 373-387.

[11] Bettini C, Brdiczka O, Henricksen K, et al. A survey of context modelling and reasoning techniques. Pervasive and Mobile Computing, 2010, 6(2): 161-180.

[12] 丁博，王怀民，史殿习，等．一种支持软件可信演化的构件模型．软件学报, 2011, 22(1): 17-27.

[13] 文静，王怀民，应时，等．支持运行监控的可信软件体系结构设计方法．计算机学报，2010, 33(12): 2321-2334.

第 6 章　基于多维主观逻辑的 P2P 信任模型

随着计算机网络技术的广泛应用及迅速发展，网络已经逐步走进了人们的日常生活，并以不可思议的速度改变着人们的工作以及生活方式。以计算机网络为载体，“信息高速公路”的兴建为标志的第二次信息革命，揭开了信息全球化时代的新篇章，信息全球化在 21 世纪成为社会发展的总趋势。在网络的广泛应用给我们带来海量的信息、更加便捷的交互模式和更加即时的通信的同时，计算机网络的开放、虚拟等特性，使计算机网络具有了更多的不确定性。破坏网络安全的恶意事件不断发生，计算机网络中的安全问题日益严重，必须采取措施确保网络的信息安全。目前，如何解决安全问题是制约计算机网络进一步发展的重要因素，同时也是我们目前研究工作的重点。

目前 Peer-to-Peer（简称 P2P）[1]应用日益广泛，所谓 P2P，就是交互双方为达到一定目的而进行的直接的、双向的信息或服务交换，是一种点对点的对等计算模式，可译为“对等计算”，也可用来指代使用该种计算模式的网络系统，多译为“对等网络”，或简称“对等网”。由于 P2P 网络的去中心化、计算成本低、交流方式更人性化等特性，P2P 技术在文件交换、对等计算、协同工作、即时通信、搜索引擎等诸多方面得到了广泛的应用和研究。P2P 系统具有开放、匿名等特点，这使节点受到的约束很小，随时随地都能登录或退出网络，并且可以搜索查看或下载自己所需要的资料，这种特性使得网络产生了更多的不确定性，也会造成服务的不稳定和质量的不可靠[2]。同时缺乏有效的机制对系统进行约束和管理，这就使得在应用中存在大量欺诈行为、恶意攻击以及其他安全风险问题[3]。鉴于这些行为的存在，建立必要的网络信任机制成为现在必须面对和亟待解决的课题。

信任是指在交互中一个实体对另一个实体在某个方面的肯定或认可程度，在 P2P 网络中，节点间的信任需要建立信任模型来计算和获得[4]。在现有的模型中，大多数是通过收集节点间的评价来综合得出信任的程度，只是具体采用的方法可能不尽相同，但其中大部分方法比较单一，许多重要因素没有考虑进去，例如，节点间的评价随着时间的变化，给出评价的节点本身的可信赖程度，还有整个系统和本次交易所存在的风险因素，这些因素如果不考虑其中，则无法消除计算中的主观性，不能抵抗恶意节点对好节点的攻击[5]（其中包括欺诈、诋毁、夸大等行为），这样就导致了其计算的准确度不高，降低了其最终的参考价值。另外，P2P 环境的一些特性（如动态性、异构性、匿名性等），使得风险因素[6]是计算可信度时所必须考虑到的成分，因为要想评估一个系统的安全性就不可能忽略风险的影响。风险与信任是成反比的，风险越大，信任越小[7]，减少风险才能提高其信任的程度。

因此，构造一个可靠的信任管理模型，对于增加 P2P 系统的服务可靠性，更好地促进节点间交互的效率，更有效地进行资源分配等方面具有非常重要的意义。

信任管理（Trust Management，TM）的概念[8]是由 Blaze 等首先提出的，并由此产生了相应的信任管理系统 Policy Maker 和 KeyNote[9, 10]，其基本思想是认为开放系统中安全信息存在不完整性，提出需要附加的安全信息才能做出系统的安全决策，于是将分布式系统安全与信任结合在一起。Winsborough 等[11]将这类信任管理系统称为基于能力（capability-based）的授权系统，这仍需要服务方预先为请求方颁发信任证书来获得指定的操作权限，这无法与陌生方建立动态的信任关系。依赖主体属性（property-based）授权，是为陌生方之间建立信任关系的一种有效方法[12]。Rahman 给出了一个信任度量的数学模型[13, 14]，他比较好地解释了信任的概念，并由此丰富了信任内容和信任程度，将其进行了一个划分。

Beth 等[15]提出了一个基于经验和概率统计解释的信任评估模型，他根据交互是否成功来得出成功经验和失败经验，在度量信任关系时采用的是成功经验，在信任度的计算上采用的是算术平均，这样计算过于简单，无法抵制节点的恶意行为。

Xiong 等提出的 PeerTrust[16, 17]信任模型利用置信因子综合局部声誉和全局声誉，考虑了影响可信度量的多个信任因素，并能很好地应对虚假评价，但 PeerTrust 模型没有给出信任因素的度量方法以及置信因子的确定方法。

Asnar 等[18]在风险评估中加入了信任因素，然后根据信任的关系状态得到了其信任关系的划分，然后较为准确地评估了风险值。田立勤等通过分析用户行为产生的安全风险[19]，对用户的行为信任进行预测并计算，提出了比较新的利用贝叶斯网络的计算方法。田春岐等[20]提出的面向 P2P 网络应用的基于声誉的信任管理模型，引入了风险因素，提出了采用信息熵理论来量化风险，该模型相比已有的一些信任模型在模型的安全性等问题上有较大改进。

Jøsang 在主观逻辑理论[21, 22]的基础上对信任管理进行了研究，在其二维的主观逻辑中[23]，以描述二项事件后验概率的 Beta 分布函数[24]为基础计算节点之间产生的每个事件的概率的可信度。随后他又提出多维主观逻辑[25, 26]的概念，以 Dirichlet 多维概率分布[27]为基础，允许有不同等级的评价，这可用于声誉值的计算，为设计信誉系统提供了更为灵活的平台。但是主观逻辑模型描述可信度时没有考虑时间衰减对信任值的影响，也没有考虑不同权值的信任合成，使其无法遏制恶意节点对攻击目标的过分诋毁或夸大。另外，在计算节点可信度时，没有将节点间交互产生的不确定性成分、风险成分考虑进来，所以不能监测潜在的威胁并抵抗恶意节点可能的攻击。

P2P 系统的性能始终无法达到理论上的最佳状态，其中主要原因就是某些节点提供的服务不可靠、存在安全风险以及不能有效处理恶意节点攻击，这些问题严重制约了 P2P 系统中用户节点之间的合作关系。此外，P2P 系统中用户之间的合作受限，其最根本原因是用户之间缺乏信任，并且缺乏有效的合作机制，无法激励用户更积极地参与系统合作。P2P 系统具有的匿名性、高度的开放性以及加入系统的用户节点的类型、目的、利益空间差异性等因素致使节点行为也不尽相同。这种用户之间的信任缺失使 P2P 网络性能严重受损，同时也阻碍了 P2P 网络应用的进一步发展。

针对目前 P2P 系统存在的问题，提出了一种新的基于多维主观逻辑的 P2P 信任模型（MSL-TM），该模型采用多维评价，利用 Dirichlet 分布函数来计算主观观念的期望值，并据此得出节点的声誉值和风险值，最终得到节点的可信度。在该模型中引入了时间衰减、评价可信度和风险值，使节点的可信度能反映其近期行为，受恶意行为的影响更为灵敏。最后通过仿真实验，验证了模型的可行性和有效性。基于多维主观逻辑的 P2P 信任模型主要面向 P2P 文件共享，对其进行修改便可应用于 P2P 数据管理及 P2P 协同计算和 P2P 电子商务应用等系统。

MSL-TM 的系统结构图如图 6.1 所示。

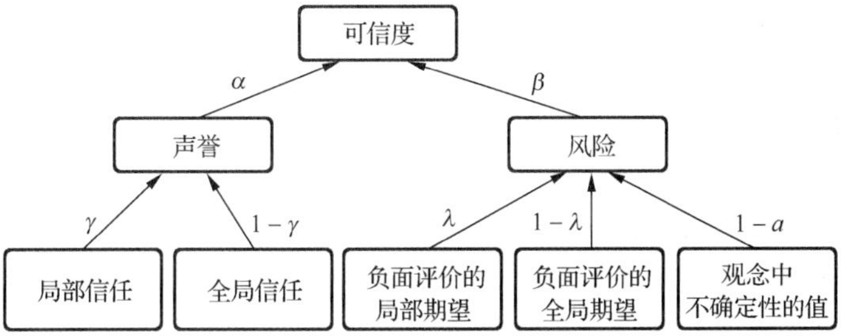

图 6.1　MSL-TM 的系统结构图

6.1　相 关 定 义

定义 6.1（信任）　指实体在交互中所能体现的可靠性、诚信度和提供服务的能力。

定义 6.2（评价 R）　一个节点根据与另一个节点的交互情况，对其行为给出一定的量化的值，称为评价。

定义 6.3（局部信任 L）　基于两个节点之间交互历史以及对被评价节点历史交互的评价而得出的对被评价节点未来行为的可信程度。

定义 6.4（全局信任 A）　综合节点的邻居节点对其的评价而得出的节点的可信程度。

定义 6.5（声誉 Re）　对某个节点的局部信任和全局信任进行综合而得出的对该个体未来行为的期望，反映节点长期的行为。声誉值 Re 由局部信任 L 和全局信任 A 两部分组成。

定义 6.6（风险 Ri）　风险是经济学上的概念。在经济学上，风险是指损失发生的不确定性，是由于不确定性造成的后果与预期目标的负偏离。它反映节点近期的不可靠程度，即对本次交互结果的不确定性以及不利后果发生概率的预期量化表示。风险值 Ri 由负面评价的局部期望 E_L、负面评价的全局期望 E_A 和观念中不确定性 u_X 的风险成分三部分组成，计算方法见 6.4 节。

定义 6.7（可信度 T）　一个实体对另一个实体的信任程度的量化值，与这个节点的可靠性、诚信和性能有关。用 T 表示节点 x 对节点 y 的可信度。

6.2 多维评价

以往的二维主观逻辑中，对节点的评价只可能是两种情况：肯定或否定。这使得评价过于片面和死板。现在我们引入多维的评价方式。

$$\boldsymbol{R}=(R(x_i)\mid i=1,\cdots,k)$$

以三维的评价为例来说明，主要面向 P2P 文件共享应用，将消费者对服务质量的满意程度即对这个服务提供者提供服务的评价分为三个等级，那么消费者在下载完成后可以做出相应的评价。这三个等级为

$$\boldsymbol{R}=(R(x_i)\mid i=1,\cdots,3)$$

式中，$R(x_1)=B(\text{bad})$ 表示文件为不真实文件或为恶意文件或无响应；$R(x_2)=C(\text{common})$ 表示文件为真实文件但质量一般或下载有延迟；$R(x_3)=G(\text{good})$ 表示文件为真实文件且质量好，下载速度快。

对于评价等级可以根据实际情况给出多个参数并进行具体划分，在此以一个三元组（真实性，下载速度，质量）为例来进行划分，在实际应用中可以增加考查参数。

（1）真实性。下载得到的文件若为用户所请求的文件即为真实文件；否则为不真实文件。

（2）下载速度。用户等待时间，设置一个参数 K=文件大小/传输速度，根据具体实际情况设置 K 的大小，$k1$，$k2$ 为设置的两个中间值，当 $K<k1$ 时即认为下载过慢或无响应；当 $K\in[k1，k2]$时认为下载速度一般；当 $K>k2$ 时认为下载速度快。

质量分类描述如表 6.1 所示。

表 6.1　质量分类描述

质　　量	数据文件	影音文件
质量好	没有数据丢失	画面流畅，音质好
质量一般	有少量数据丢失和误码	画面不够流畅，音质不清晰
质量差或为恶意文件	数据丢失严重或下载的文件带有病毒	画面无法显示，音质极差或下载的文件带有病毒

6.3 声誉值 Re 的计算

声誉值 Re 由局部信任 L 和全局信任 A 两部分组成，可以计算公式为

$$\text{Re}=\gamma L+(1-\gamma)A,\quad 0\leqslant k\leqslant 1 \tag{6.1}$$

式中，γ 是局部信任的权重，$1-\gamma$ 是全局信任的权重。

6.3.1 局部信任 L 的计算

节点的局部信任不只与历史评价有关，还与下面两个因素有关。

1. 时间衰减

节点的行为不是一成不变的，他们的行为可能会随着时间改变，评价距离当前时刻越近越能反映节点的近期行为，所以要对最近的评价给予更高的权重。评价距离当前的时间越久，对声誉值的影响应该越小，其评价的权重越小。

对节点 y 做出的 x_i 等级的评价记为 $R_y(x_i)$，即相当于给了 y 一次 x_i 等级的评价，评价值设为1。设 T_i 为时间衰减因子，则有

$$T_i = \mathrm{e}^{-\left(t-t_{R_y(x_i)}\right)}$$

式中，t 为当前时刻，$t_{R_y(x_i)}$ 为给出评价 $R_y(x_i)$ 的时刻。

设在一段时间内对 y 加入衰减的累积评价为 $R_{y,t}(x_i)$，其中包括 n 次评价，则 $R_{y,t}$ 可以表示为

$$R_{y,t}(x_i) = \sum_{k=1}^{n} \mathrm{e}^{-\left(t-t_{R_y^k(x_i)}\right)} \times R_y^k(x_i), \quad i=1,2,3 \tag{6.2}$$

式中，$R_y^k(x_i)$ 为对 y 的第 k 次评价，t 为当前时刻，$t_{R_y^k(x_i)}$ 表示给出第 k 次评价的时刻。

2. 评价可信度

定义 6.8（邻居节点）　设节点 i 和节点 j 分别为对等网络中的两个节点，如果节点 j 与节点 i 有过历史交互记录，则称 j 为 i 的邻居节点。对发起请求并对响应者进行评价的节点为 rater，被评价的节点为 ratee。

定义 6.9（评价可信度）　反映了一个节点所给出的评价的可信程度，书中使用该数值作为各节点给出的评价的权重。

采用评价可信度可以对抗恶意节点的诋毁。一个节点对另一个节点进行评价时带有很大的主观性，邻居节点的恶意评价会对该节点的声誉值产生恶劣的影响，因此邻居节点的评价可信度会直接影响评价的准确性。

评价可信度不应该是主观给出的，评价可信度设为 D_R，利用评价节点 rater 的可信度 T 和对 i 类评价的全局期望值 $E_A(x_i)$，作为本次评价的衡量因子，即

$$D_R = kT + (1-k)E_A(x_i), \quad i=1,2,3 \tag{6.3}$$

式中，k 是可信度的权重，1–k 是期望值的权重。评价节点 rater 的可信度 T 在一定程度上也决定了本次评价 $R_y(x_i)$ 的可信度；另外，其他节点对本类的评价的期望值越小，说明这个节点的此次评价越不可靠。加入评价可信度之后，恶意节点对攻击目标的过分诋毁或夸大行为将产生较小的影响。

$$R_{y,t,D_R}(x_i) = D_R \cdot R_{y,t}(x_i), \quad i=1,2,3 \tag{6.4}$$

得出对于不同评价等级评价的局部期望分别为

$$E_L(x_i)=\frac{R_{y,t,D_R}(x_i)+Ca_F(x_i)}{C+\sum_{j=1}^{k}R_{y,t,D_R}(x_j)},\quad i=1,2,3 \tag{6.5}$$

式中，$a_F(x_i)$为全局期望向量；$i=1,\cdots,k$，令$k=3$。

对每个等级评价的期望赋予一个权重值$\varepsilon(x_i)=\dfrac{i-1}{k-1}$，则节点的局部信任值可计算公式为

$$L=\sum_{i=1}^{k}\varepsilon(x_i)E_L(x_i),\quad i=1,2,3 \tag{6.6}$$

6.3.2　全局信任 *A* 的计算

在计算节点的全局信任时，尽可能地增加邻居节点的数目，这样可以降低不确定性的因素，使其全局信任越准确。

在计算过程中一般有下面两种情况。

1）两个节点在不同的时间段做出的评价

这种情况下评价是独立的，我们将这两个节点的评价进行加和，在这里使用累积熔合（cumulative fusion）算子。

设两个节点的观念$\omega_X^A=(\boldsymbol{b}_X^A,u_X^A,\boldsymbol{a}_X^A)$和$\omega_X^B=(\boldsymbol{b}_X^B,u_X^B,\boldsymbol{a}_X^B)$分别为节点*A*和*B*在相同的识别框架*X*下的两个观念，$X=\{x_i\mid i=1,\cdots,k\}$，观念$\omega_X^{A\diamond B}$可以计算如下。

（1）当$u_X^A\neq 0\vee u_X^B\neq 0$时，有

$$\begin{cases}b_{x_i}^{A\diamond B}=\dfrac{b_{x_i}^A u_X^B+b_{x_i}^B u_X^A}{u_X^A+u_X^B-u_X^A u_X^B}\\[2ex] u_X^{A\diamond B}=\dfrac{u_X^A u_X^B}{u_X^A+u_X^B-u_X^A u_X^B}\end{cases} \tag{6.7}$$

（2）当$u_X^A=0\wedge u_X^B=0$时，有

$$\begin{cases}b_{x_i}^{A\diamond B}=\gamma b_{x_i}^A+(1-\gamma)b_{x_i}^B\\ u_X^{A\diamond B}=0\end{cases}$$

式中

$$\gamma=\lim_{\substack{u_X^A\to 0\\ u_X^B\to 0}}\frac{u_X^B}{u_X^A+u_X^B} \tag{6.8}$$

$\omega_X^{A\diamond B}$称为ω_X^A和ω_X^B的累积熔合观念，表示*A*和*B*的独立观念的合并。在这里使用符号$\oplus$来命名这个信任算子：

$$\omega_X^{A\diamond B} \equiv \omega_X^A \oplus \omega_X^B \tag{6.9}$$

2）两个节点在同一时间段做出的评价

这种情况下评价不是独立的，我们将这两个节点的评价进行平均，在这里我们使用平均融合（averaging fusion）算子。

设两个节点的观念 $\omega_X^A = (\boldsymbol{b}_X^A, u_X^A, \boldsymbol{a}_X^A)$ 和 $\omega_X^B = (\boldsymbol{b}_X^B, u_X^B, \boldsymbol{a}_X^B)$ 分别为节点 A 和 B 在相同的识别框架 X 下的两个观念，$X = \{x_i \mid i = 1, \cdots, k\}$，观念 $\omega_X^{A\underline{\diamond}B}$ 计算公式为

（1）当 $u_X^A \neq 0 \vee u_X^B \neq 0$ 时，有

$$\begin{cases} b_{x_i}^{A\underline{\diamond}B} = \dfrac{b_{x_i}^A u_X^B + b_{x_i}^B u_X^A}{u_X^A + u_X^B} \\ u_X^{A\underline{\diamond}B} = \dfrac{2u_X^A u_X^B}{u_X^A + u_X^B} \end{cases} \tag{6.10}$$

（2）当 $u_X^A = 0 \wedge u_X^B = 0$ 时，有

$$\begin{cases} b_{x_i}^{A\underline{\diamond}B} = \gamma b_{x_i}^A + (1-\gamma) b_{x_i}^B \\ u_X^{A\diamond B} = 0 \end{cases}$$

式中

$$\gamma = \lim_{\substack{u_X^A \to 0 \\ u_X^B \to 0}} \frac{u_X^B}{u_X^A + u_X^B} \tag{6.11}$$

$\omega_X^{A\underline{\diamond}B}$ 称为 ω_X^A 和 ω_X^B 的平均熔合观念，表示 A 和 B 的非独立观念的合并。在这里使用符号 $\underline{\oplus}$ 来命名这个信任算子：

$$\omega_X^{A\diamond B} \equiv \omega_X^A \underline{\oplus} \omega_X^B \tag{6.12}$$

利用上述两个熔合算子对观念进行合并得到的全局评价为 $\boldsymbol{R}_F$。

由全局评价 $\boldsymbol{R}_F$ 可以得到全局期望为

$$E_A(x_i) = \frac{R_F(x_i) + Ca_F(x_i)}{C + \sum_{j=1}^{k} R_F(x_j)}, \quad i = 1, 2, 3 \tag{6.13}$$

式中，$R_F(x_i)$ 为观念合并后得到的综合评价。

全局信任计算公式为

$$A = \sum_{i=1}^{k} \varepsilon(x_i) E_A(x_i), \quad i = 1, 2, 3 \tag{6.14}$$

6.4　风险值 Ri 的计算

单纯考虑声誉值存在一定问题，即在感知节点失常行为时缺乏灵敏性，无法识别恶意节点。风险来自于以前交互过程中有失败、损失发生的历史，风险值决定于产生

这些失败、损失的频度及恶劣程度，与恶意节点交互发生失败和损失的频度与恶劣程度越大，也就是风险越大，风险值能够被用于预测其未来行为的有力参考，因此可以作为识别恶意节点的有效手段。计算节点的风险值，可以为系统动态更新节点的可信度提供客观的依据。

在计算节点风险值时，当节点操作合法时，降低其风险值；当节点操作非法时，结合所识别的相关评估指标，其风险值将会提高。计算满足如下规则：①节点的恶意行为将提高其风险值；②节点的诚实行为将降低其风险值；③节点风险的衰减是一个缓慢的过程，需要节点长期的合法行为支持；④节点的风险极易失控，即节点的恶意行为将急剧加大其风险。

风险可以利用负面评价 $R(x_1)$ 的期望来进行计算，要同时考虑负面评价的局部期望 $E_L(x_1)$ 和负面评价的全局期望 $E_A(x_1)$，另外再加上局部信任里的观念 ω_X 中不确定性 u_X 所含的风险成分。于是风险可以表达为

$$\mathrm{Ri} = \lambda E_L(x_1) + (1-\lambda)E_A(x_1) + (1-a_F(x_1))u_X \tag{6.15}$$

式中，λ 是局部期望的权重，$1-\lambda$ 是全局期望的权重，$1-a_F(x_1)$ 是观念中的不确定性 u_X 对风险的贡献程度，a_F 是基率，u_X 表示式为

$$u_X = \frac{C}{C + \sum_{j=1}^{k} R_{y,t,D_R}(x_j)}$$

对于负面评价也为多维的情况，如评价等级 $R(x_1), R(x_2), \cdots, R(x_n)$ 皆为负面评价，此时需要引入一个参数 ρ 作为不同等级的权重，$\rho_{R(x_1)} > \rho_{R(x_2)} > \cdots > \rho_{R(x_n)}$，则

$$\mathrm{Ri} = \sum_{i=1}^{n} \rho_{R(x_i)}(\gamma E_L(x_i) + (1-\gamma)E_A(x_i) + (1-a_F(x_i))u_X) \tag{6.16}$$

本模型将风险划分为 5 级，等级值越高，风险越大。风险等级划分如表 6.2 所示。

表 6.2　风险等级描述

标识	等级范围	描述
A	0.8～1	风险很高，对系统产生致命威胁
B	0.6～0.8	风险高，对系统产生极大威胁
C	0.4～0.6	风险中等，对系统产生一定威胁
D	0.2～0.4	风险低，对系统产生较小威胁
E	0～0.2	风险很低，对系统产生的威胁可忽略

6.5　可信度计算

信任是动态可变的。通过平衡节点的声誉值和风险值来综合评估节点表现出的诚信状态，以得到一个客观、真实的节点可信度。在节点可信度计算中，节点可信度的

变化与声誉值的变化成正比，但与风险的变化相反，节点风险值的降低可以使可信度缓慢升高，但其可信度的提高需要长期的努力，这是一个缓慢的过程，但节点的信任容易被打破，即节点风险的提高将引起节点可信度的急剧下降。

根据节点风险的变化情况，节点的可信度计算分为两种情况：①节点在高风险状态下的风险下降并不能提高其可信度；②只有当其风险降低到一定程度后，其风险的下降才能提高其可信度。设 θ 为风险阈值常数，是实体风险发生实质性变化时，系统对节点可信度进行奖励或处罚的风险阈值。

节点的可信度计算基于节点当前的声誉值和风险值，用 Re 和 Ri 分别表示，则节点的可信度为

$$T=\begin{cases}\alpha\,\mathrm{Re}-\beta\mathrm{Ri}, & \mathrm{Ri}\in[\theta,1] \quad (6.17\mathrm{a})\\ \alpha\,\mathrm{Re}+\beta(\theta-\mathrm{Ri}), & \mathrm{Ri}\in[0,\theta] \quad (6.17\mathrm{b})\end{cases}$$

式中，α、β 分别是两者的权重，$0\leqslant\alpha$，$\beta\leqslant 1$。α、β 的取值可根据对交互结果产生的风险的敏感程度来决定，α/β 的值越小，可信度对风险值越敏感；反之受风险的影响相对较小。式（6.17a）用于计算节点在风险提高或在高风险状态下的可信度，式（6.17b）用于计算节点在低风险状态下的可信度。

6.6　实验仿真与结果分析

6.6.1　仿真环境

仿真的软硬件环境为：CPU P4 2.93GHz，内存 1GB，硬盘 160GB，操作系统为 Microsoft Windows XP SP3，Java Development Kit 为 sun JDK1.4.08，Java 开发环境为 IBM MyEclipse 5.5.1 GA。

此仿真实验是基于 BISON 项目组提供的 PeerSim 仿真平台。作为参照，我们同时实现了基于 EigenRep 的模型的仿真。

实验模拟在文件共享系统中进行，其规模为具有 1000 个节点的 P2P 网络，判断一次交互是否成功的标准是看文件是否真实。我们把节点分为好节点和恶意节点，其中好节点是指在交互中，它提供的文件是真实的，并且对其他节点的评价是客观正确的。恶意节点可以具体分为三种类型。

（1）一般恶意节点。这类节点比较有规律地提供不真实的文件，在仿真中此类节点对每个服务请求以 40%的概率提供可信文件。

（2）合谋恶意节点。这类节点诋毁其他好节点并夸大同伙节点，提供不真实的文件。

（3）策略恶意节点。此类节点会在不同的时机提供真实文件或虚假文件，具有一定的策略性，例如，在其可信度达到一定的高度时便以较低概率提供真实文件，等它

的可信度被降低时又以较高比率提供真实文件来抬高自己的可信度，以使自己的可信度能够维持在系统允许存在的范围之内，从而方便进行恶意行为，不容易被系统发现，也达到了欺骗其交互对象的目的。

初始信任值都为 0.5，模型中的各项参数设置如表 6.3 所示。

表 6.3　仿真参数及其取值

参数	α	β	γ	k	λ	C
取值	0.7 或 1	0.3 或 0	0.7	0.6	0.7	2

6.6.2　仿真结果与分析

1. 随交互次数的增加四类节点可信度的变化

图 6.2 给出了随着交互次数的增加，四类节点可信度的变化趋势。随着交互次数的增多，好节点的可信度逐渐上升，而一般恶意节点的可信度很快下降，策略恶意节点的可信度有一定的起伏，这是因为策略恶意节点比较狡猾，对于这类节点的识别有一定的难度，其可信度总体走向上还是下降的。可以看出，模型很好地反映了节点实体可信度随交互次数的变化而变化，符合预期的分析。

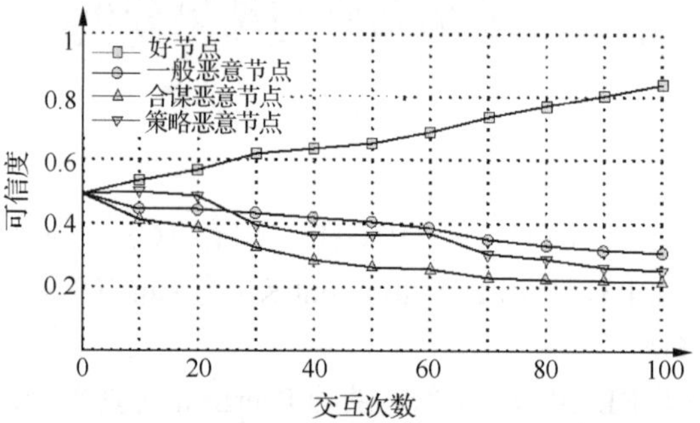

图 6.2　四类节点的可信度随交互次数的增加的变化曲线

2. 一般恶意节点的比例对于平均交互成功率的影响

图 6.3 给出在一般恶意节点攻击模式下非信誉系统（No-reputation system）、EigenRep 和两种参数下的 MSL-TM 的平均交互成功率随恶意节点比例的变化情况。在仿真中，假设好节点以 97%的概率提供可信文件，一般恶意节点为了隐藏其恶意行为对每个服务请求以 40%的概率提供可信文件。当系统中没有恶意节点时，平均交互成功率都非常高。随着恶意节点数的增多，由于没有采取任何预防和抵御机制，No-reputation system 的平均交互成功率下降得非常快；由于 EigenRep 模型缺乏惩罚机制，对这种一般恶意节点无法做出准确的识别，所以其平均交互成功率也有较大幅度的下降；MSL-TM（0.7,0.3）由于加入了风险因子（$\beta=0.3$），显现出较强的优势。这

是因为本模型利用期望和不确定性来量化风险，使得对节点行为的把握更加准确，从而提高了交互的成功率。

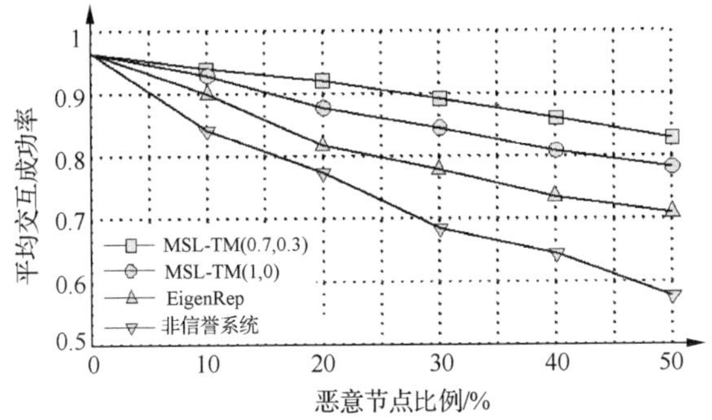

图 6.3　一般恶意节点的比例对于平均交互成功率的影响

3. 合谋恶意节点的比例对于平均交互成功率的影响

合谋恶意节点诋毁所有与之有过交易的好节点，夸大其他同类节点，这实际上是一种较为严重的协同作弊，试图通过降低可信节点的可信度并提高同伙的可信度来破坏网络的有效性。通过如图 6.4 所示的结果和对比可以看出，由于 No-reputation system 和 EigenRep 缺乏惩罚机制，所以在初期诋毁和夸大对其平均交互成功率的影响不大，但随着恶意节点提供的不真实服务越来越多，系统的有效交互（下载）率都有明显下降。本模型加入了评价可信度和风险因素，在最初阶段，合谋恶意节点给出的评价太离谱，这直接导致了其成功率的下滑，但随着系统对恶意节点的抑制，其成功率会变得比较稳定。本模型能够有效地抑制恶意节点的诋毁和夸大，能够最终具有较高的平均交互成功率。

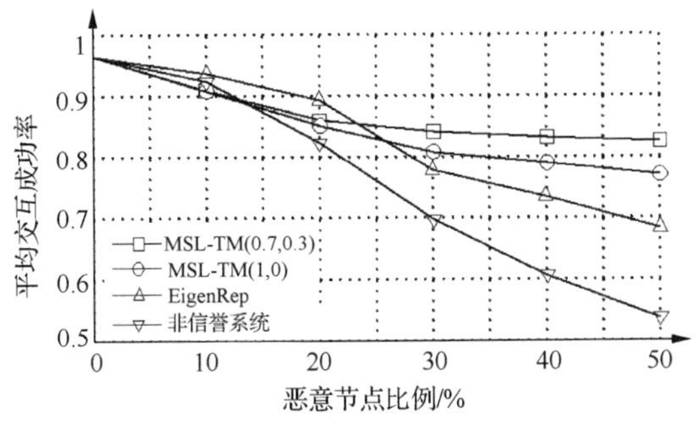

图 6.4　合谋恶意节点的比例对于平均交互成功率的影响

4. 策略恶意节点的比例对于平均交互成功率的影响

策略恶意节点比较狡猾，有一定的潜伏期，从图 6.5 中可以看出，刚开始策略恶意节点会提供真实文件来掩饰自己，所以开始阶段几种机制的平均交互成功率差别并不大。随着交互次数的增加，一些节点的恶意行为开始暴露，由于 EigenRep 的计算方法中不含有对此类行为的惩罚机制，不能有效识别这类恶意行为，不能动态跟踪恶意节点并做出反映，所以系统的平均交互成功率随恶意节点比例的增大会有较大幅度的下降。考虑了风险的 MSL-TM(0.7,0.3)相比只考虑声誉的 MSL-TM(1,0)，平均交互成功率下降的幅度要小，可见风险值的计算的重要性，同时也说明利用期望和不确定性来量化风险是准确的。实验结果证明 MSL-TM 在应对恶意节点比例变化时有较强的抗风险能力。

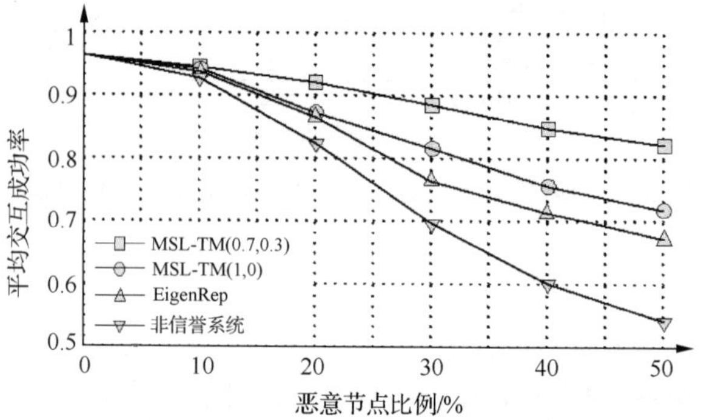

图 6.5　策略恶意节点的比例对于平均交互成功率的影响

6.7　本 章 小 结

本章主要介绍了信任模型 MSL-TM 的设计与实现。首先，给出了 MSL-TM 的系统结构图，概述了 MSL-TM 中用到的基本定义和概念；然后详细介绍了模型的声誉、风险及可信度的计算方法。通过仿真实验并与以往模型的对比实验，证明了 MSL-TM 的有效性和准确性。

参 考 文 献

[1] 王晓箴, 刘宝旭. Freenet 综述及 P2P 技术应用探讨. 第 13 届全国计算机、网络在现代科学技术领域的应用学术会议论文集, 2007.

[2] 林闯, 彭雪海. 可信网络研究. 计算机学报, 2005, 28(5): 751- 758.

[3] 彭冬生, 林闯, 刘卫东. 一种直接评价节点诚信度的分布式信任机制. 软件学报, 2008, 19(4): 946-955.

[4] Hurley R F. The decision to trust . Harvard Business Review, 2006, 84 (9): 55-62.

[5] Srivatsa M, Xiong L, Liu L. Trust guard : countering vulnerabilities in reputation management for decentralized overlay networks// Proceedings of the 14th World Wide Web Conference, 2005:

422-431.

[6] Jøsang A, Presti S. Analysing the relationship between risk and trust// Proceedings of the Trust'04. LNCS 2995, 2004: 135-145.

[7] Olsen R A. Trust as risk and the foundation of investment value. The Journal of Socio-Economics, 2008, 37(6): 2189-2200.

[8] Blaze M, Feigenbaum J, Lacy J. Decentralized trust management// Proceedings of the 17th Symposium on Security and Privacy, 1996: 164-173.

[9] Blaze M, Feigenbaum J, Keromytis A D. Trust management for public-key infrastructures// Proceedings of Cambridge 1998 Security Protocols International Workshop, 1999: 59-63.

[10] Blaze M, Loannidis J, Keromytis A. Offline micropayments without trusted trusted hardware// Proceedings of Financial Cryptography, 2001.

[11] Winsborough W H, Seamons K E, Jones V E. Automated trust negotiation// Proceedings of DARPA Information Survivability Conf and Exposition, 2000: 88-102.

[12] Johnson W, Mudumbai S, Thompson M. Authorization and attribute certificates for widely distributed access control// Proceedings of the 7th Workshop on Enabling Technologies, 1998.

[13] Rahman A A, Ha1les S. A distributed trust model. New Security Paradigms Workshop'97, 1997: 48-60.

[14] Rahman A A, Hailes S. Using recommendations for managing trust in distributed systems// Proceedings of the IEEE Malaysia International Conference on Communication'97 (MICC'97), 1997.

[15] Beth T, Borcherding M, Klein B. Valuation of trust in open networks// Proceedings of the European Symposium on Research in Computer Security, 1994: 3-18.

[16] Xiong L, Liu L. PeerTrust: supporting reputation-based trust for peer-to-peer electronic communities. IEEE Transactions on Knowledge and Data Engineering, 2004,16(7): 843-857.

[17] Xiong L, Liu L. A reputation-based trust model for peer-to-peer ecommerce communities// Proceedings of IEEE International Conference on Electronic Commerce, 2003: 228-229.

[18] Asnar Y, Giorgini P, Massacci F, et al. From trust to dependability through risk analysis. DIT-University of Trento: Technical Report DIT-06-079 , 2006.

[19] 田立勤, 林闯. 可信网络中一种基于行为信任预测的博弈控制机制. 计算机学报, 2007, 30(11): 1930-1938.

[20] 田春岐, 邹仕洪, 王文东, 等. 面向 P2P 网络应用的基于声誉的 trust 管理模型. 通信学报, 2008, 29(4): 63-70.

[21] Jøsang A. A logic for uncertain probabilities. International Journal of Uncertainty, Fuzziness and Knowledge-Based Systems, 2001, 9(3): 279-311.

[22] Jøsang A. The consensus operator for combining beliefs. Artificial Intelligence Journal, 2002, 142: 157-170.

[23] Jøsang A. Probabilistic logic under uncertainty// Proceedings of Computing: The Australian Theory

Symposium (CATS2007), 2007.

[24] Jøsang A, Ismail R. The beta reputation system// Proceedings of the 15th Bled Electronic Commerce Conference, 2002.

[25] Jøsang A. Conditional reasoning with subjective logic. Journal of Multiple-Valued Logic and Soft Computing, 2008, 14: 155-185.

[26] Jøsang A. Cumulative and averaging unfusion of beliefs// Proceedings of the International Conference on Information Processing and Management of Uncertainty (IPMU2008), 2008.

[27] Jøsang A, Haller J. Dirichlet reputation systems// Proceedings of the International Conference on Availability, Reliability and Security (ARES 2007), 2007.

第 7 章　基于扩展主观逻辑的电子商务信任模型

在传统的商业模式下，为了彼此信任，交易者通过面谈或考察可以相对容易地了解对方的商业行为。在电子商务日益繁荣的今天，交易的时空特性发生了很大变化，信任问题在一定程度上影响着人们使用电子商务系统的意愿。近几年，中国的电子商务市场发展非常迅速，2011 年总交易额增长到 5.88 万亿，而在繁荣景象的背后，它也面临许多挑战，其中，信任欺诈就是最大的问题之一[1]。网络社会的信任难以建立，为克服不确定性和风险，双方在他们的在线活动中必须积极地建立信任[2]。

业内人士越来越关注电子商务的信任问题，目前大型电子商务网站（如 eBay、淘宝）所采用的基于信誉的信任评价机制过于简单，只是根据每个买家对卖家做完的每笔交易后给出的信誉评价结果计算均值，导致得到的评价结果的可信度较差[3]。根据淘宝网的研究，发现欺诈交易的比例最高，占所有交易的 47%，从 2008 年 10 月—2009 年 5 月最低也近乎 9%。它不只是小卖家人工地提高他们的声誉，更有超级卖家进行信任欺诈，以使他们的生意看上去繁荣，从而吸引更多的顾客。一个在淘宝网具有 500001 点的金皇冠卖家对一个记者承认在得到金皇冠前一般的信任分数是通过信任欺诈所获得的。由于许多卖家希望尽快地提升他们的信誉，一些职业骗子把这个看作商机，他们开始提供服务人为地增加卖家的信任分数。

根据现有的统计，大约有 1000 个活跃的信任欺诈公司。由于通过欺诈来提升信誉需要很少的时间和努力，许多卖家靠欺诈的这种快捷方式，逐渐偏离了进行诚实经营的原则。他们迫切需要立竿见影的好处，卖家靠这种欺诈方式，其信誉可以增长得非常快。近年来，许多卖家承认信任欺诈在淘宝网提高自己的信誉。最终所有的卖家具有高信誉值。买家也已经意识到这种基于反馈来增强信誉的策略，他们对淘宝网的反馈系统的有效性产生怀疑。他们中的一些人不再相信信任系统，降低了买卖双方的交易。因此，研究准确而实用的信任评价机制，对于电子商务的健康发展具有理论和现实意义。

近年来，关于信任模型的研究已取得了丰硕成果。

Chang 等[4]指出平均值算法不能有效地解决信任动态性需求问题，设计了基于个人相似度的信任信息融合方法 PSM。尽管 PSM 算法在扼制恶意节点的恶意反馈方面有很好的表现，但是其自适应时间窗口过于简单，无法高效地刻画信任关系的动态发展趋势，进而无法对信任进行准确的评估。Xiong 等[5]研究了 P2P 环境下的信任度量模型，通过数理统计的方法，利用惩罚因子、近期和长期信任、推荐信任这四个参量来刻画节点的信任度。

田春岐等[6]提出的 RETM 对推荐证据进行预处理操作，这样能够有效滤掉无用的和误导性推荐信息，这使得其模型具有较好的抵抗攻击的能力。在推荐信息的查找方面，为了提高信息查询的准确率，他又设计了基于反馈信息的概率查找算法。

张润莲等[7]利用实体行为风险评估设计出一种信任模型。该模型对系统的威胁、资产和脆弱性进行有效识别，设计了一种基于风险的实体信任计算方法，为实体行为特征匹配建立规则，并根据此设计一种加权复合函数来确定实体行为中未知的风险。

李小勇等[8]根据粗糙集理论及信息熵理论，建立了开放环境下动态构建基于行为数据监控与分析的信任关系度量模型。模型利用分析传感器监测到的动态数据，针对影响信任的多个度量指标进行知识发现和数据挖掘，从而转换传统的信任建模思维，解决传统模型对多维数据处理能力不足的问题。

田春岐等[9]提出一种新的基于超级节点的 P2P 网络信任模型，模型中节点由兴趣的相似性而聚类，节点间的信任关系被划分为三种类型，并给予了各自的解决方案。用基于节点相似性的反馈信息过滤算法解决推荐信任信息中不公正反馈、误导性和虚假问题。

潘静等[10]提出了一种基于声誉的推荐者发现方法，该方法利用一个相关因子来量化在不同上下文中的推荐信任关系，进而获得信任传递空间。根据信任子网分割算法得到评价者的可信推荐群。通过主体群内的信任传递和计算，寻找具有高声誉值的推荐信息源。

李小勇等[11]提出了一种符合人类心理认知习惯的动态信任预测模型。模型建立了自适应的基于历史证据窗口的可信性决策方案，该方案克服已有模型常用的计算权重的主观判断方法，解决直接证据不足时的可信性预测问题。利用现有的 DTT（direct trust tree）机制完成对全局反馈信任信息的搜索与结合，进而降低了网络带宽损耗，增强了系统的可扩展性；提出诱导有序加权平均算子的概念，建立了基于该算子的直接信任预测模型，用于克服传统预测模型动态适应能力不高的问题。

乔秀全等[12]根据社会心理学中的信任产生原理，设计了计算社交网络中基于用户上下文的信任度的方法。社交网络中用户之间的信任度被分为熟悉性信任度和相似性信任度。依据其所起作用的重要度的不同，把相似性分为内部相似性和外部相似性，并给出了信任度量的具体计算方法。

汪京培等[13]提出了一种基于可信建模过程的信任模型评估算法。将信任模型按照信任生命周期分解成信任的产生、建模、计算、决策和传递这五个部分，然后对每个部分进行可信性分析，最后模糊量化评价结果，用贝叶斯融合形成综合的评估结果。

蒋黎明等[14]根据图论方法提出证据信任模型，在信任聚合过程中，模型解决了普遍存在于现有证据信任模型中的因为对信任链之间依赖关系的无法处理而产生的模型性能下降问题。另外，模型在建模信任度时区分实体的反馈信任度与服务信任度，在证据理论框架下，设计了两种不同的信任传递方法，用于增强模型抵抗恶意推荐攻击的能力。

黄海生等[15]通过信任的模糊性、主观性和随机性的特点，利用李德毅的隶属云模型理论对信任进行建模，指出如何对信任云和信任等级云进行定量描述，如何计算信任评价云、合成、综合运算以及如何对主体信任等级进行评估。

张宇等[16]对电子商务系统和计算机领域相关的信任管理模型进行综述，描述了不同领域信任计算的基本框架和方案，并对信任模型进行分类，总结了不同类别中很有代表性的信任模型；之后又对这些模型进行了比较分析；最后整理出信任管理模型的某些特点和性质。

汤志海等[17]认为很多国内的电子商务平台选用 eBay 信任模型，由于该模型只是对买家反馈评分进行简单累加，进而得到卖家信誉值，并没有区分买家反馈评分的参考价值的重要性和合理性。因此，他提出一种基于群组的 C2C 电子商务信任模型，模型通过计算买卖双方的熟悉程度，计算买家的可信度，充分考虑交易价格、反馈评分、交易时间、交易次数、以往买家的可信度对信誉的影响，建立了电子商务信任模型。

Chong 等[18]讨论了能够影响现有信任管理系统的可靠性的威胁和挑战，研究了影响信任管理的重要因素，特别是在处理来自电子商务用户的恶意反馈评级方面，认为信任模型即使在动态条件下必须能够保持准确性，适应从其他方面导致的变化。现有的工作中，电子商务信任系统经常基于整体性能而不是个体服务性能，这是由于没有把证据的上下文相关性考虑到信任评估中。

Ma 等[19]提出一种专用信用模型和为电子商务的云服务，根据基本的产品描述和供应商的真实性，计算认证证书的能力或品质，提出了电子商务信用度的框架工作。

Korovaiko 等[20]认为信任经常是不同的并且是个体性的，有人也许相信一个能够提供较好服务的卖家，即便这个卖家有时候延迟发货一周。但对于其他人也许这种延迟是不可接受的。信任感知系统能够帮助用户做出正确的选择并有助于导出积极结果的关系。尽管信任有许多的含义并且非常依赖于用户和其他人交互的环境，信任能够近似地从其他关系中显示出来。

Mohammed 等[21]提出基于信誉和多代理的强度的一种信任度量方法。在强度上的认证信念增强了模型的效率，改进了组成代理 FMM 分类器的准确率。Adamopoulou 等[22]发展了一个模拟在线市场的多代理平台，代理提供其他人可能消费的特定服务。建立了一套实例场景，研究了各种信息资源的影响和在决策中的评估标准，以及改变代理行为的各种信任和信誉模型。

Fouliras[23]提出一个基于信誉的电子商务信任模型，为防止刷信誉，限制同一买家只能对同一卖家评价一次。文献[24]通过研究得到与普遍观点相反的信誉悖论：在一定环境下，一个较高的信誉卖家有更高的欺骗倾向，也就意味着，买家应该信任那些较低信誉的卖家。

Jøsang 等在文献[25]中给出了信任和信誉的释义与差别，认为信誉包括那些与被信任者有交互经验的社区所有成员的观点，然而信任是一个基于各种不同权重向量的评价者的个人主观期望。换句话说，信誉是群体的评价和认知，而信任更加体现个体的偏好，在稳定性上前者大于后者，信任具有较强的动态性。信誉是信任的一个重要的参考，两者之间既相互联系又有所不同，仅根据信誉来计算信任存在一定的片面性，很容易导致买家偏好那些交易量较大的卖家，对新卖家形成不公平竞争，不利于新卖家的成长。

Zhang 等[26]认为在电子商务环境下，不同的交易具有不同的本质和环境，他们根据交易量和交易额等建立了信任向量评估模型，用于识别和防止不同类型交易环境中的恶意交易的发生。然而，在相同较大交易额的情况下，由于经济实力以及个人风险态度等因素，对信任的影响也是不同的，其设定的交易量权重也存在一定的局限。

Onolaja 等[27]将信任的未来趋势引入信任模型，用过去和在线以及预测数据来鉴别行为不端的成员。然而，其所谓预测的数据也是建立在过去和在线数据的基础上，将预测数据与前两者融合，从某种意义上讲是一种重复计算，得到的结果并不准确。

Li 等[28]根据消费者的兴趣偏好的相似性，推荐信任和社会关系建立了推荐模型，然而该模型计算复杂度较高，随着用户的增多，必然影响其实用性。Wang 等[29]在多信任路径方面做了改进工作，但是其提出的简化算法会导致有效推荐路径的丢失，另外，其模型建立在信任关系图的基础上，却未提出如何从整个信任网络中提取出信任关系图的高效算法，进而影响了其实用性。

Agudo 等[30]以及 Liu 等[31]建立的信任模型考虑了信任的时间因素，但给出的相关函数计算复杂度较高。甘早斌等在文献[3]中指出随着电子商务交易实体数的增大，计算信任值的空间复杂度和时间复杂度将呈指数级增加。减少信任计算的时间和空间复杂度是信任度量更加走向实用化过程的关键。

通过上面的分析，可以得出以下结论。

（1）当前的电子商务信任模型仅根据信誉建模，模型的准确性较差。

（2）当前的电子商务信誉机制未能充分考虑信任的主观性和动态性，未考虑时间因素对信任的影响，有些文献考虑到时间因素，但给出的时间函数计算复杂度较高。

（3）大多数文献未考虑到朋友等社会网络的推荐，有些文献提出的推荐信任算法过于复杂，随着用户的增多，适用性降低。

本章在扩展和改进 Jøsang 主观逻辑的基础上，针对电子商务环境中信任关系难以建立、计算的信任值不准确等问题，提出了基于扩展主观逻辑的电子商务信任模型。通过引入个人对交易的重要性评价，增强信任模型的主观性；充分考虑时间对信任的影响，有效激励卖家保持良好信誉的同时，增强了系统的动态性；通过引入对新卖家的信任期待值，调节信誉机制的不公平性；将社会网络推荐与电子商务信任模型相结合使得模型更加适合电子商务应用环境；设计了信任路径搜索算法，解决 Jøsang 主观逻辑中“Mass Hysteria”问题的同时，降低了计算复杂度。下面将详细介绍该模型。

7.1　电子商务信任模型

在扩展主观逻辑的基础上，建立电子商务信任模型，模型的组成部分如图 7.1 所示。

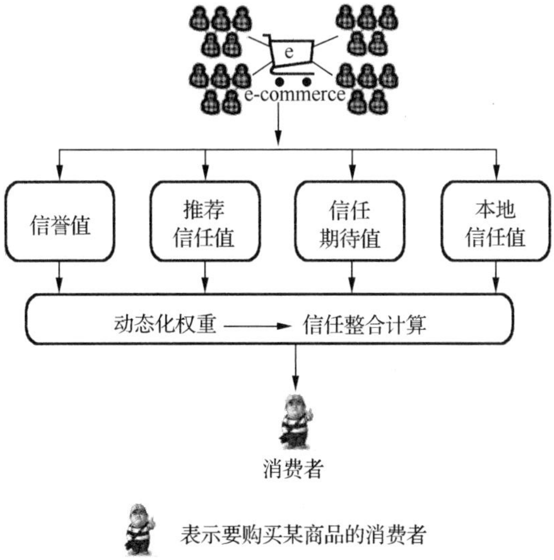

图 7.1　基于扩展主观逻辑的电子商务信任模型

模型中信誉值主要将那些与卖家有直接交易经验和交易评价的观点进行融合。推荐信任部分主要通过社会网络建立朋友间的信任链，综合其观点得到推荐信任值。信任期待值主要是根据卖家开店的初始时间，距离当前时间越近的卖家，具有的信任期待值越高。模型中增加信任期待值这一部分的目的是防止新卖家在刚开始开店时遭受不正当竞争。本地信任指买家与卖家之间具有直接的交易经验，从而产生的自身的信任值。融合信任定义为

$$\text{信任}=\text{风险系数}\times(W_1\times\text{信誉值}+W_2\times\text{推荐信任值}+W_3\times\text{信任期待值}+W_4\times\text{本地信任值}) \quad (7.1)$$

式中，$W_i(i=1,2,3,4)$ 是各个组成部分所占的权重。对于买家，初次购买某卖家的产品，在购买前信任主要由式（7.1）的前三个部分组成，而购买后，就会产生自身的体验和信任判断，而此时前三个部分的意义不大。因此，在购买后，信任主要由买家的主观信任来决定，即本地信任的权重比例较大或设为 1；而在购买前，本地信任权重比例较小或设为 0。综上所述，各个组成部分的权重根据情况动态分配，以下为各种情况下动态的权重分配。

若仅存在信誉值，则满足条件 W_1=1；若仅存在推荐信任值，则满足条件 W_2=1；若仅存在信任期待值，则满足条件 W_3=1。

若仅存在信誉值和推荐信任值，则满足条件 $W_1+W_2=1$，且 $W_2>W_1$。由于信任模型要求信任积累难、失去易，所以信誉部分的权重相对推荐信任要小，即 $W_2>W_1$。这样也可在一定程度上遏制刷信誉问题。

若仅存在推荐信任值和信任期待值，则满足条件 $W_2+W_3=1$。由于朋友的推荐比信任期待更加可靠，所以 $W_2>W_3$。

若信誉值、推荐信任值和信任期待值都存在，则满足条件 $W_1+W_2+W_3=1$，且 $W_2>W_1$，$W_1=W_3$。信任期待值是用来调节新老卖家的竞争公平性的，因此可以与信誉具有相当的权重，即 $W_3=W_1$。

若本地信任值存在，则满足条件 $W_1=W_2=W_3=0$，$W_4=1$。

需要指出的是，本地信任值是买家购买卖家商品后，根据自身体验给出的信任的评级，不作为研究重点。

下面将详细介绍模型中每一组成部分的计算方法。

7.2 信誉值算法

交易分为成功交易与失败交易，成功交易中包括以下交易评价：好评 r_1、中评 c_1、差评 s_1、没有评价 c_2；失败交易包括：退货、欺诈投诉等（无理由退货 c_3、因产品质量问题退货或欺诈投诉等 s_2）。

将好评 r_1 作为正事件数统计，记为 R；将（差评 s_1+因产品质量问题退货等 s_2）作为负事件数统计，记为 S；将（中评 c_1+没有评价 c_2+无理由退货 c_3）作为不确定事件数统计，记为 C。

为了体现时间因素对信任的影响，交易评价<i, j, goods-k, Tran-e, t_i>，表示买家 i 给卖家 j 在 t_i 时对商品 goods-k 的交易评价 Tran-e。

根据式（2.15）、式（2.16）和式（3.21），可以计算出卖家 j 关于商品 goods-k 的信誉值 Reputaion_j。

$$\text{Reputaion}_j = b_j^i + au_j^i = \left(\sum_{i=1}^{R} k_i^+ + a\sum_{i=1}^{C} k_i^u\right) \bigg/ \left(\sum_{i=1}^{R} k_i^+ + \sum_{i=1}^{S} k_i^- + \sum_{i=1}^{C} k_i^u\right) \tag{7.2}$$

7.3 推荐信任值算法

推荐信任值主要由买家的朋友，经过信任网络形成的信任链，链接到卖家这一方，在这一方面，文献[3]提出了信任网络的构建方法，也提出一些优化原则。在电子商务信任模型中，当买家希望通过信任网络找到卖家，并计算出该卖家的推荐信任值时，需要在信任网络中提取或探寻出类似图 3.7 那样的信任路径。我们设计了一个行之有效的算法，该算法能够有效克服“Mass Hysteria”问题。

下面通过例子阐述算法的思想。图 3.5 中，*G* 如果想了解 *x*，*G* 会探寻他的朋友节点（*A*, *B*, *C*, *D*, *E*, *F*），此时，这些节点将被装入集合 *S*，当进行下一步探寻时，*F* 节点的朋友节点（*A*, *E*, *B*, *C*）都已被探寻过，因此，*G*→*F* 的路径探寻停止。类似地，*B*, *C*, *D*, *E* 节点在下一步探寻过程中都会停止，而只剩下 *A* 节点探寻到 *x*。这样构造出来的信任路径结构就会得到大大简化，并且不会产生“Mass Hysteria”问题。

算法利用探寻标记表示节点的状态。探寻标记为 0，表示该节点未被探寻过；探寻标记为 1，表示在探寻过程中朋友节点信任值小于路径信任阈值 T_0；探寻标记为 2，表示该节点被探寻过，且信任值大于路径信任阈值 T_0，且与目标节点是朋友关系；探寻标记为 3，表示该节点被探寻过，且信任值大于路径信任阈值 T_0，但与目标节点是非朋友关系。

算法描述如下：

```
//节点 x 要探寻节点 y，这里 x 与 y 没有直接信任关系，即 y 不是 x 的朋友节点。
    1.  Input x,y
    2.  F_x=3，将 x 装入 S 集
    3.  x 向所有朋友节点 i 探寻节点 y 的信息(i=1,2,…,n).
    4.  if (朋友节点 i 不在 S 集中)
    5.  {
    6.     if(Trust_xi<T_0)
    7.     {
    8.     F_i =1.
    9.     }
    10.    else
    11.    {
    12.        if (Trust_iy>0)
    13.        {
    14.        保存 TrustL_i
    15.        F_i =2.
    16.        }
    17.        else
    18.        F_i =3.
    19.    }
    20. }
    21. 将朋友节点 i 添加到 S 集
    22. if (S 集中节点 j 的标记 F_j ==3&&j! =x)
    23. {
    24. 对于该节点执行本算法步骤 3～26，直至达到最大探寻深度 D.
    25. 对所有保存的 TrustL_i，利用式 (3.25) 计算推荐的信任值，并返回结果.
```

```
26. }
27. else
28. 返回结果 0.
```

上述算法中，信任链的长度 D 对算法的计算复杂度有直接影响，有学者根据六度空间理论来决定信任链的长度 D 至多为 6[31]，这一理论虽然适合社交网络的构建，但并不适合电子商务信任网络的构建。由于信任网络中节点的数量庞大以及朋友推荐的路径一旦过长，就会直接影响到系统的计算效率，所以本模型设置 $D=3$，这样既提高了模型的计算效率，又与传统的实体店交易的实际情况也较为吻合。

7.4 信任期待值算法

当前的信誉机制会对新卖家形成不公平竞争，为了给新卖家必要的市场生存的机会，本模型中设计了信任期待值部分，用于调节这种不公平竞争。对于新卖家，虽然没有信誉值，但如果具有一定的信任期待值，则在市场依然具有一定的生存竞争能力。对于长期经营的具有规模的卖家，如果信誉良好，则自然会获得很多的买家。

设卖家 j 的开店初始时间为 t_{jk}，当前时间为 t_c，设置一个观察时间 T^*，例如，一般商品可以设为一年，而一些销售周期较长的大型商品可以延长至两年或更长时间。信任期待值的计算方法为

$$\text{wishTrust}_j = \begin{cases} 1-(t_c - t_{jk})/T^*, & t_c - t_{jk} < T^*/2 \\ 0, & t_c - t_{jk} > T^*/2 \end{cases} \tag{7.3}$$

7.5 信任主观风险态度评级

交易额是影响信任的一个重要参数，交易额越大，风险性越高，买卖双方的态度越谨慎。另外，个体对交易的重视程度也有很大不同，有些情况下，尽管交易额较小，由于个体对本次交易比较重视，其对卖家的态度也会较为谨慎。因此，本模型加入由买家个体对交易的风险态度的主观评级，用来体现信任的主观性。买家可以根据交易额及自己对本次交易的主观认识，给出一个评级，评级分为 m 个层次（$m = 0,1,\cdots,4$），层次越高，说明买家对本次交易态度越谨慎。风险系数简单定义为

$$R = 1 - \lambda m \tag{7.4}$$

式中，λ 为调节系数，可以根据系统认为风险对信任的重要性而设定，λ 越小，表示认为风险对信任的重要性越大，反之亦然。一般情况下，可设为 0.05。

最后，根据式（7.1），初次交易的信任值为

$$\text{Trust} = R(W_1\text{Reputaion}_j + W_2\text{recTrust}_j + W_3\text{wishTrust}_j) \tag{7.5}$$

式（7.5）充分考虑了影响信任的关键因素，其中包括风险、信誉、推荐信任、信任期待以及时间因素等，同时，其计算复杂度相对较低使得系统在节点数较大时，依然能够有效运行。另外，各组成部分的权重能够根据实际情况动态地进行调节，提高了模型设计的合理性。

7.6 仿真实验

7.6.1 实验目的与环境

为了验证电子商务信任模型的科学合理性，在 CPU 为 Intel Core2 Duo CPU E7500 2.93GHz，内存 1.98GB，Windows XP 的主机上用 Apache+MySQL+PHP 运行环境进行仿真实验。在相同的实验数据下，将模型与文献[3]以及 Jøsang 模型结果进行对比与分析。下面简单介绍 Apache+MySQL+PHP 运行环境。

7.6.2 实验数据

该实验用电子意见社会网络数据集（epinions social network）[32]作为基础实验数据，其中包括 rating data 和 trust data 两个数据文件。

（1）rating data 文件中包括 49290 个 user 对 139738 个不同 item 的评价，其中每一行的数据格式为

```
user_id  item_id  rating_value
```

例如，23　387　5，表示用户 23 对 item 387 评价为 5。

（2）trust data 文件中包括 487181 个信任评价，其中每一行的数据格式为

```
source_user_id  target_user_id  trust_statement_value
```

例如，22650　18420　1 表示用户 22650 对用户 18420 有一个正的信任评价，实验中定义为有信任关系。

但是，数据集缺少一些项，例如，user 对 item 的评价时间，因此，为了满足本模型实验需要，在实验数据 rating data 中随机加入了评价的时间戳；在 trust data 中对存在信任关系的两个用户加入了 0.5～1 的随机数作为信任值；重新定义 rating_value（1～5）的含义见表 7.1，仿真实验参数的取值见表 7.2。

表 7.1　新定义的评价值的含义

评价值	含义	评价值	含义
1	差评	4	中评
2	因产品质量等问题退货	5	好评
3	无理由退货或无评价		

表 7.2　仿真参数及其取值

参数	数值	参数	数值
R	1	C	2
T_0	0.5	T	365
D	3	T_c	2013-12-9
a	0.5	T^*	365

7.6.3　实验结果与分析

选取有代表性的 user 节点对 item 的综合信任评价作为样例，样例数据见表 7.3，实验结果见表 7.4。

表 7.3　实验样例数据

样例	user_id	item_id	rating_value	随机的时间戳
1	517	44580	4	2013-10-7
2	337	2349	1	2013-9-9
2	337	2349	3	2013-1-23
3	65	5422	5	2013-8-13
3	206	5422	5	2013-6-9
3	216	5422	5	2013-10-27
3	457	5422	5	2013-8-12
3	948	5422	5	2013-7-19
4	2142	83809	5	2013-10-23
4	6268	83809	4	2013-12-14
5	23	1325	4	2013-9-18
5	215	1325	3	2013-7-30
5	397	1325	4	2013-10-19
5	442	1325	4	2013-10-31
5	578	1325	5	2013-11-23
5	2076	1325	5	2013-12-5

表 7.4　实验样例结果

样例	user_id	item_id	本模型的信任评价值	Jøsang 模型的信任评价值	文献[3]模型的信任评价值
1	517	44580	0.5	0.5	无推荐信任值
2	337	2349	0.515	0.33	无推荐信任值
3	15430	5422	0.91	1	无推荐信任值
4	2824	83809	0.81	0.66	0.54
5	121	1325	0.81	0.75	0.51

样例 1，无推荐信任路径，user 与 item 有直接交互经验，因此，信任主要由用户自己的经验产生，权重为 W_4=1。

样例 2，无推荐信任路径，实验数据中，对 item_id 为 2349 的评价仅有两条记录：买家 31 对其的评价为 1，根据评价时间计算的时效系数为 0.75；买家 30810 对其评价为 3，时效系数 0.12。本算法根据式（3.20）、式（3.21）和式（7.2）计算的信誉值为 0.07，信任期待值为 0.96（信任期待值为随机赋值），权重为 W_1=0.5，W_3=0.5。根据式（2.15）和式（2.16）所描述的 Jøsang 主观逻辑计算出的信任评价值为 0.3，由于其模型中并未考虑证据的时效性，所以对卖家信任的计算并不准确。本模型中对卖家计算的信誉值为 0.07，即认为卖家信誉很差。卖家的信任期待值较高为 0.96，即卖家是新卖家，调节后的信任结果为 0.515，卖家依然是不太可信的。

样例 3，无推荐信任路径，根据本算法计算的信誉值为 1，信任期待值为 0.82，权重为 W_1=0.5，W_3=0.5。实验数据中，对 item_id 为 5422 的评价有 5 条记录，且均为好评，因此，本算法计算的信誉值与 Jøsang 的结果一样都为 1。本算法根据时间计算的信任期待值为 0.82，最终的信任结果为 0.91，该值较为符合实际。

样例 4，信任路径：2824(0.82)→2145(0.78)→2142(0.85):83809，括号中的值为随机的信任值，例如，2824(0.82)→2145 表示 id 为 2824 的节点对 id 为 2145 的节点信任值为 0.82。信誉值 0.73，信任期待值 0.93，推荐信任值 0.78，W_1=0.3，W_2=0.4，W_3=0.3。实验数据中，对 item_id 为 83809 的评价有 2 条记录，一条为好评，另一条为中评。本例最终的信任结果为 0.81，它融合了信誉值、推荐信任值和信任期待值三个部分，从信任期待值可知，该卖家为新卖家，虽然其信任期待值较高，但推荐信任部分赋予了相对较高的权重，最终的结果与推荐信任值也较为接近，因此比较合理。Jøsang 的最终结果为 0.66，其值比本模型中的信誉值 0.73 还低，不太符合实际情况；本模型的推荐信任结果为 0.78，而文献[3]的推荐信任结果过低（为 0.54），不合理。

样例 5，信任路径：121(0.72)→23(0.75):1325 和 121(0.83)→215(0.61):1325。信誉值 0.68，信任期待值 0.82，推荐信任值 0.67，W_1=0.3，W_2=0.4，W_3=0.3。实验数据中，对 item_id 为 1325 的评价有 6 条记录，2 条为好评记录，3 条为中评记录，1 条无理由退货记录。文献[3]的模型，在信任推荐算法上采用的是信任值相乘的计算方法，该方法存在信任衰减过快的问题，因此导致最终的结果过低，其值为 0.51，不符合实际情况；而本模型的最终融合结果为 0.72，与信誉值和推荐值较为接近，与实验数据中的评价记录给人的直觉相吻合。

7.6.4　计算复杂度

本模型中关于信誉部分的计算，考虑了证据的时间因素，使得其结果更加准确，计算量比 Jøsang 模型大一些；推荐信任部分，改进的信任传递算子计算复杂度比 Jøsang 模型小。模型的计算开销主要由推荐信任路径探寻算法产生，算法的计算复杂度取决于信任网络的规模及结构的复杂程度。假设每个节点的平均朋友节点的个数为 M，每个节点探寻朋友平均重复节点的个数为 N，通常情况下，$M > N$。一般算法的计算复杂度为 $O((M)^D)$。由于本模型中的信任路径探寻算法不重复探寻已被探寻过的节点，所以在解决“Mass Hysteria”问题的同时，有效降低了算法的计算复杂度，计算复杂度降为 $O((M-N)^D)$，D 为最大探寻深度。

7.7 本章小结

本章详细描述信任模型如何建立，设计综合信任的各个部分的算法，主要工作如下。

（1）针对电子商务环境中信任关系难以建立，计算的信任值不准确等问题，提出了基于扩展主观逻辑的电子商务信任模型。

（2）充分考虑时间对信任的影响，有效激励卖家保持良好信誉的同时，增强了系统的动态性，并设计了信誉值算法。

（3）将社会网络推荐与电子商务信任模型相结合，使得模型更加适合电子商务应用环境；设计了信任路径搜索算法和推荐信任值算法，解决 Jøsang 主观逻辑中“Mass Hysteria”问题的同时，降低了计算复杂度。

（4）通过引入对新卖家的信任期待值，调节信誉机制的不公平性，并设计了信任期待值算法。

（5）通过引入个人对交易的重要性评价，增强信任模型的主观性，同时，设计了主观风险态度评级算法。

（6）本模型与 Jøsang 及文献[3]的模型进行了对比，实验结果表明，该模型计算复杂度较低，在系统节点数较大的情况下，依然能够高效运行，能够更加合理有效地计算信任评估值。

参考文献

[1] Zhang Y, Bian J, Zhu W. Trust fraud: a crucial challenge for China's e-commerce market. Electronic Commerce Research and Applications, 2013, 12(5): 299-308.

[2] Morid M A, Shajari M. An enhanced e-commerce trust model for community based centralized systems. Electronic Commerce Research, 2012, 12(4): 409-427.

[3] 甘早斌, 曾灿, 李开, 等. 电子商务下的信任网络构造与优化. 计算机学报, 2012, 35(1): 27-37.

[4] Chang J S, Wang H M, Yin G. DyTrust: a time-frame based dynamic trust model for P2P systems. Chinese Journal of Computers, 2006, 29(8): 1301-1307.

[5] Xiong L, Liu L. Peertrust: supporting reputation-based trust for peer-to-peer electronic communities. IEEE Transactions on Knowledge and Data Engineering, 2004, 16(7): 843-857.

[6] 田春岐, 邹仕洪, 王文东, 等. 一种基于推荐证据的有效抗攻击 P2P 网络信任模型. 计算机学报, 2008, 31(2): 270-281.

[7] 张润莲, 武小年, 周胜源, 等. 一种基于实体行为风险评估的信任模型. 计算机学报, 2009, 32(4): 688-698.

[8] 李小勇, 桂小林, 毛倩, 等. 基于行为监控的自适应动态信任度测模型. 计算机学报, 2009, 32(4): 664-674.

[9] 田春岐, 江建慧, 胡治国, 等. 一种基于聚集超级节点的 P2P 网络信任模型. 计算机学报, 2010, 33(2): 345-355.

[10] 潘静, 徐锋, 吕建. 面向可信服务选取的基于声誉的推荐者发现方法. 软件学报, 2010, 21(2): 388-400.

[11] 李小勇, 桂小林. 动态信任预测的认知模型. 软件学报, 2010, 21(1): 163-176.

[12] 乔秀全, 杨春, 李晓峰, 等. 社交网络服务中一种基于用户上下文的信任度计算方法. 计算机学报, 2011, 34(12): 2406-24.

[13] 汪京培, 孙斌, 钮心忻, 等. 基于可信建模过程的信任模型评估算法. 清华大学学报(自然科学版), 2013, 53(12): 1699-1707.

[14] 蒋黎明, 张琨, 徐建, 等. 一种基于图论方法的开放计算系统证据信任模型. 计算机研究与发展, 2013, 50(5): 921-931.

[15] 黄海生, 王汝传. 基于隶属云理论的主观信任评估模型研究. 通信学报, 2008, 29(4): 13-19.

[16] 张宇, 陈华钧, 姜晓红, 等. 电子商务系统信任管理研究综述. 电子学报, 2008, 36(10): 2011-2020.

[17] 汤志海, 陈淑红, 王国军. 基于群组的 C2C 电子商务信任模型研究. 计算机工程, 2012, 38(23): 146-149.

[18] Chong S K, Abawajy J, Hamid I R A, et al. A multilevel trust management framework for service oriented environment. Procedia-Social and Behavioral Sciences, 2014, 129: 396-405.

[19] Ma Z, Li Y, Zhou F. An e-commerce-oriented creditworthiness service. Service Oriented Computing and Applications, 2014: 1-8.

[20] Korovaiko N, Thomo A. Trust prediction from user-item ratings. Social Network Analysis and Mining, 2013, 3(3): 749-759.

[21] Mohammed M F, Lim C P, Quteishat A. A novel trust measurement method based on certified belief in strength for a multi-agent classifier system. Neural Computing and Applications, 2014, 24(2): 421-429.

[22] Adamopoulou A A, Symeonidis A L. A simulation testbed for analyzing trust and reputation mechanisms in unreliable online markets. Electronic Commerce Research and Applications, 2014, 13(5): 368-386.

[23] Fouliras P. A novel reputation-based model for e-commerce. Operational Research, 2013: 1-26.

[24] Jiao H, Liu J, Li J, et al. A paradox for trust and reputation in the e-commerce world// Proceedings of the 36th Australasian Computer Science Conference (ACSC 2013), 2013: 69-78.

[25] Jøsang A, Ismail R, Boyd C. A survey of trust and reputation systems for online service provision. Decision Support Systems, 2007, 43(2): 618-644.

[26] Zhang H B, Wang Y, Zhang X Z. A trust vector approach to transaction context-aware trust

evaluation in e-commerce and e-service environments. Service-Oriented Computing and Applications (SOCA), 2012 5th IEEE International Conference on IEEE, 2012.

[27] Onolaja O, Bahsoon R, Theodoropoulos G. Agent-based trust management and prediction using D3-FRT. Procedia Computer Science, 2012, 9: 1119-1128.

[28] Li Y M, Wu C T, Lai C Y. A social recommender mechanism for e-commerce: combining similarity, trust, and relationship. Decision Support Systems, 2013(55): 740-752.

[29] Wang G, Wu J. Multi-dimensional evidence-based trust management with multi-trusted paths. Future Generation Computer Systems, 2011, 27(5): 529-538.

[30] Agudo I, Fernández-Gago C, Lopez J. An evolutionary trust and distrust model. Electronic Notes in Theoretical Computer Science, 2009, 244: 3-12.

[31] Liu J, Qiu H, Zhong N, et al. A dynamic trust network for autonomy-oriented partner finding. Journal of Intelligent Information Systems, 2011, 37(1): 89-118.

[32] Leskovec J, Lang K J, Dasgupta A, et al. Statistical properties of community structure in large social and information networks// Proceedings of the 17th International Conference on World Wide Web, 2008: 695-704.